아빠와
놀이 실험실

아빠와 놀이 실험실
손쉽게 체험하는 우리 아이 과학 놀이 40

초판1쇄 2019년 7월 12일

지은이 세르게이 어반
옮긴이 김태완 이미경
발행인 최홍석

발행처 (주)프리렉
출판신고 2000년 3월 7일   제 13-634호
주소 경기도 부천시 원미구 길주로 77번길 19 세진프라자 201호
전화 032-326-7282(代)   **팩스** 032-326-5866
URL www.freelec.co.kr

편집 강신원 서선영
디자인 이대범

ISBN 978-89-6540-244-2

손쉽게
체험하는
우리 아이
과학 놀이
40

아빠와 놀이 실험실

지은이 **세르게이 어반**

옮긴이 **김태완 이미경**

프리렉

https://www.facebook.com/thedadlab

https://www.instagram.com/thedadlab

https://www.youtube.com/c/thedadlab

https://thedadlab.com/

옮긴이의 글

좋은 과학 실험책을 찾기란 정말 쉽지 않습니다. 학교 교육에서는 STEAM(Science, Technology, Engineering, Arts, Mathematics)을 강조하지만, 초·중·고 학생들이 과학 실험을 꾸준히 할 수 있는 환경을 갖추기란 어렵습니다. 아이들이 한참 세상에 대해 궁금한 것이 많을 때, 우리 부모들이 이에 맞추어 아이들의 질문에 대답하고, 궁금한 것을 같이 해결해 나가고, 성장한 후에도 세상에 대한 호기심의 끈을 놓지 않도록 하는 것, 이것이 우리 부모들의 의무이기도 합니다. 그러나 무엇보다도 우리 아이들이 성장하여 부모 곁을 떠날 때까지 끊임없이 소통하면서 서로의 생각을 공유하는 것, 그것이 가장 중요하고도 멋진 일이 아닐까요?

미취학 아동이나 초·중·고 학생에게 과학적인 시각을 키워주는 책들을 기획하면서, 이 책 "The Dad Lab"을 발견했습니다. 여기엔 40개의 과학 놀이가 담겨 있습니다. 실험들이 간단하면서도 깊은 과학적 이해와 연결되어 있다는 것이 매우 놀라웠습니다. 놀이에 대한 진지하고 정확한 과학적 설명과 함께 그와 연관되어 떠오를 수 있는 의문을 제시함으로써 다른 현상까지 자연스럽게 연결하기도 합니다. 밀도, 압력, 관성, 확산, 빛 …. 우리는 이것들을 과학이라는 보자기에 감싸 놓고 잘 열어보지 않지만, 실제로 우리 주변에서 쉽게 볼 수 있는 흥미진진한 현상들입니다. 이 책은 이런 일상에서 벌어지는 현상들을 즐거운 놀이와 함께, 그 안에 숨겨진 과학을 발견할 수 있게 해 줍니다. 책을 번역하는 내내, 저자의 이러한 놀라운 능력에 수없이 감탄했으며 작업하는 보람이자 즐거움으로 다가왔습니다.

이 책을 시작으로 아이들과 함께 과학을 즐겨보길 바랍니다. 그 과학이 어느새 여러분의 일상으로 들어와 세상을 보다 더 흥미진진하게 만들어줄 것입니다. 이 책을 읽는 동안 궁금한 점이 있다면 페이스북 페이지 '미키와 테드의 실험실'(www.facebook.com/meekyntedlab)에 방문하여 질문해 주세요. 물론, 여러분이 아이들과 함께한 활동을 공유해 주셔도 좋고, 다른 과학 활동과 관련한 질문을 올려주셔도 좋습니다. 아이와 함께하는 여러분의 과학 활동을 항상 응원하겠습니다.

옮긴이
김태완 그리고 이미경

들어가며

TheDadLab은 이렇게 시작되었습니다.

안녕하세요. 저는 세르게이 어반입니다. 맥스와 알렉스, 저의 두 아들입니다. 두 살 터울인데 생일이 같습니다. 그래서 그런지 둘이 아주 비슷해서 서로 같은 장난감을 차지하려고 다투기도 한답니다.

사실 저는 과학자도, 선생님도 아닌 전업 아빠입니다. 그래서 저는 아이들과 함께할 기발한 놀이를 찾고 실험도 합니다. 교육적이면서 손쉽게 제작할 수 있는 기구와 장난감을 만들기도 한답니다. 이런 일련의 과정이 TheDadLab의 내용입니다.

집에서 쉽게 할 수 있는 창의적인 프로젝트를 가능한 많은 부모와 공유했으면 하는 마음으로 이 책을 만들게 되었습니다. 부모님들이 아이들과 좋은 시간을 보내면서 아이들의 지식에 대한 욕구를 키워주고, 한편으로는 아이들의 호기심 어린 마음을 이해하도록 돕고 싶습니다. 아빠가 되니 이 모든 일이 자연스럽게 다가왔습니다. 뚜렷한 목표를 두고 시작한 것은 아니지만, 세계 각지의 부모들이 제가 포스팅한 활동을 좋아하셔서 이제는 "TheDadLab"을 직업으로 삼아, 내 소중한 아이들과 더 많은 시간을 함께할 수 있어서 매우 행운이라 생각합니다.

여러분도 이러한 활동을 하며 아이들과 함께 관찰하고 노는 동안, 놀라움에 반짝이는 아이들의 눈망울을 보면서 행복한 추억들을 쌓아 나가기를 바랍니다.

여기에 나의 멋진 두 아들과 함께한 사진들을 실었습니다. 딸을 두셨더라도, 이 책의 모든 내용이 남자 아이를 위한 활동이라고 생각지 않으시길 바랍니다. 성별에 관계없이 누구나 즐길 수 있습니다. 우리는 과학자를 키우는 데 남녀를 구분해서도 안 되며, 아이들의 환경과 문화에 상관없이 공평해야 한다고 생각합니다.

TheDadLab의 다양한 활동들은 페이스북과 인스타그램, 유튜브, 웹사이트(www.thedadlab.com)에서 찾아볼 수 있습니다.

여러분도 아이들과 함께한 프로젝트를 '#TheDadLab' 해시태그를 이용해 SNS에 올려주세요.

예술과 과학 그리고 경이로움

솔직히 부모들은 여유 시간이 별로 없습니다. 저는 그래서 항상 집에 있는 재료들로 할 수 있으면서, 아이들만이 아니라 저도 즐길 수 있는 프로젝트를 찾고자 노력합니다. TheDadLab의 활동들은 간단하게 할 수 있도록 초점을 맞추었습니다. 이 책에서 가장 중요한 실험조차 특별한 기술 없이 할 수 있습니다. 하지만 자녀들이 창의적이고 독특한 자신만의 방법으로 시도해 보도록 격려해 주기를 바랍니다. 그러나 반드시 보호자가 지켜보는 가운데 아이들이 이런 활동을 하도록 해야 함을 명심해 주세요.

고전이라고 할 수 있는 실험을 포함하여 독특한 실험까지, 아이들과 수백 개의 실험을 해왔습니다. 이 책에는 그 중 가장 인상 깊은 결과를 얻은 40개의 프로젝트를 실었습니다. 이 책과 TheDadLab 활동의 목적은 모든 연령대 아이들에게 과학과 예술을 소개하는 것 외에도, 여러분이 가족과 함께 즐길 수 있는 방법을 소개하는 겁니다. 저는 여러분과 아이들이 추억을 만들고, 연대감을 느끼고, 알차게 시간을 보낼 수 있는 아이디어를 드리고 싶습니다.

이 실험들은 당장 여러분의 귀한 시간을 아이들과 함께 훌륭하게 즐길 수 있게 만들 뿐만 아니라, 두고두고 아이들과 호기심 가득한 이야기를 나눌 기회를 줄 것입니다. 교육 효과는 그다음입니다. 재미있게 놀면서 배워야 합니다. 이것이 우리 가족이 즐기는 방식입니다.

저는 이 책을 몇 가지 범주로 나누었습니다. 상황에 따라 할 수 있는 실험이 다르기 마련입니다. 시간이 부족해서 빨리할 수 있는 놀이가 필요할 수도 있고, 다 같이 부엌에 있을 때 순간적으로 뭔가 하고 싶을 수도 있고, 아이들이 예술적인 활동을 하고 싶어할 수도 있을 겁니다(그래서 눈에 띈 물건을 가지고 무엇을 할 수 있는지 책 뒤편에 '부엌 찬장 찾아보기'를 마련해 두었습니다). 집 또는 야외에서 할 수 있는 온갖 종류의 활동을 이 책에서 찾아보기 바랍니다.

많은 부모들은 과학을 모른다고 생각하기 때문에 '과학' 활동을 꺼립니다. 하지만 그럴 필요 없습니다. 한마디로 말하자면, 과학에서 가장 중요한 것은 답을 아는 것이 아니라 질문을 던지는 것입니다. "이렇게 해보면..., 어떻게 될까?"와 같이 질문을 던지며, 혼자가 아니라 함께 해보는 겁니다. 물론, 실험 과정을 완벽하게 이해하지 못할 수도 있습니다.

그렇다 해도 실망할 필요는 없습니다. 과학자들조차도 자신이 하는 일을 완전히 이해한다고 할 수 없으니까요. 어느 경우든 괜찮습니다. 그냥 "모르겠어."라고 대답해도 좋습니다. 하지만 "어떻게 하면 알 수 있을까?"라며 더 알아볼 수도 있겠지요.

그래서 각 실험에 대한 이론 설명을 넣었습니다. 이와 더불어 여러분이 보고 행하는 활동이 주변 환경과 어떤 관계가 있는지에 대해서도 설명했습니다. 진정한 재미는 과학 그 자체에 눈을 뜨고 관심을 쏟는 것입니다. 과학을 좋아해 보세요. 그렇게 되면 과학이 재미없다고 말할 수 없을 것입니다.

이 책을 즐기세요.

세르게이 어반

Sergei Urban

차례

108

신나게
어지럽히는 놀이

138

간단하게 할 수
있는 놀이

160

화려한 예술
놀이

KITCHEN

부엌 재료로
하는
놀이

아빠와 놀이 실험실

01

아슬아슬
달걀 떨어뜨리기

달걀이 깨지지 않게 물에 빠뜨릴 수 있나요?

 ## 얼마나 걸리나요?

20분

 ## 무엇을 배우나요?

모든 물체는 현재의 운동 상태를 그대로 유지하려고 합니다. 이것을 물체의 '관성'이라고 합니다.

 ## 무엇이 필요한가요?

우리집 부엌에서 쉽게 찾아볼 수 있는 재료들이에요.

☐ 날달걀 몇 개

☐ 유리컵

☐ 일회용 접시나 두꺼운 판지

☐ 다 쓴 휴지심

모든 실험 과정은 동영상으로 볼 수 있어요 ▶

직접 실험해 보아요

유리컵에 물을 반쯤 붓고,

컵 위에 일회용 접시를 올려놓습니다. 이제 휴지심을 접시 가운데 세워 볼까요.

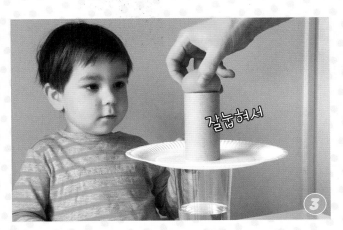

이번에는 달걀을 휴지심 위에 올릴 건데, 달걀이 휴지심 속으로 빠지지 않도록 옆으로 눕혀서 올려놓으세요.

접시를 옆으로 한 번에 탁! 쳐서 떨어뜨리세요

휴지심은 굴러 떨어지지만, 달걀은 바로 아래 유리컵 속으로 퐁당 빠질 거예요.

과감하게 한꺼번에 달걀 두 개나 세 개로 해 볼까요? 각각의 물컵 위에 큰 판지 한 장을 덮고 각각 달걀과 휴지심을 균형을 맞춰 올려 보세요.

약하게 치거나 잘못 쳐서 달걀이 다른 곳으로 떨어졌을 때 깨질 것에 대비하세요(혹은 삶은 달걀도 괜찮아요).

책상에 종이 한 장을 깔고 종이컵을 뒤집어 놓습니다.
이제 종이를 천천히 당겨서 컵이 어떻게 움직이는지 살펴보세요.
이번에는 종이를 빠르게 휙 당겨 보세요. 왜 컵이 다르게 움직일까요?

왜 그럴까요?

달걀이 접시와 함께 옆으로 굴러 떨어질 것으로 생각했지요? 하지만 모든 물체에는 관성이라는 성질이 있어서, 움직이는 상태를 바꾸려고 하지 않는답니다. 샌드백이나 그네처럼 밧줄에 매달린 무거운 것들을 생각해 보세요. 세게 밀어야만 움직이지요. 그렇게 '저항하는 힘'이 바로 관성입니다.

이제 이번 실험의 주인공인 달걀의 관성을 볼까요.

접시가 옆으로 밀릴 때 휴지심 아래쪽은 접시에 끌려가지만, 휴지심 위의 달걀은 그 자리에 남아있기를 '원하기' 때문에 옆으로 딸려가지 않게 됩니다. 그래서 휴지심은 옆으로 넘어지게 되고, 이제 달걀 아래에 아무것도 없게 되죠! 그래서 중력에 의해 달걀은 바로 아래 컵 안으로 떨어지게 됩니다.

해보세요!

자동차가 출발하기 전에 신발 상자를 차 뒷자리에 놓고 가운데에 작은 공을 놓아 보세요. 그리고 자동차가 출발하면 공이 어떻게 움직이는지 살펴보세요. 공이 신발 상자 가장자리로 이동하죠? 그런데 사실, 공은 처음에 차가 정지해 있던 바로 그곳에 머무르려고 한 것입니다. 움직인 것은 자동차입니다.

관성을 이용하면 층층이 쌓인 책 더미에서 중간에 있는 책 한 권만 빠르게 빼낼 수도 있어요.

아빠의 아는 척!

관성은 가만히 정지해 있는 물체가 움직임에 저항하게 할 뿐만 아니라, 반대의 경우에도 작용합니다. 그래서 움직이는 물체를 멈추는 것도 쉽지 않습니다. 이것이 바로 달리던 기차가 멈출 때 몸이 앞으로 쏠리는 이유입니다. 넘어지지 않으려면 손잡이를 꽉 잡아야겠죠. 만약 달리던 기차가 순식간에 멈추게 되면, 테이블 위의 책, 음료수, 샌드위치가 앞으로 휙 날아가 버릴 거예요. 으악!

그러니까 관성은 운동에 대한 저항이 아니라, 운동의 변화에 대한 저항을 뜻합니다. 무언가를 변화시킨다는 것은 항상 어렵죠?

← 자동차가 갑자기 멈출 때를 살펴봅시다. 바퀴가 회전을 멈추더라도 관성 때문에 차는 계속 앞으로 나아가게 되고, 회전을 멈춘 바퀴는 미끄러져서 길에 바퀴 자국을 남기게 됩니다.

02

투명한 소화기

만질 수도 볼 수도 없는 것으로 불을 꺼 볼까요.

얼마나 걸리나요?

15분

무엇을 배우나요?

이산화탄소 기체로 어떻게 불을 끄지요? 언제 사용할 수 있나요?

무엇이 필요한가요?

우리집 부엌에서 쉽게 찾아볼 수 있는 재료들이에요.

- ☐ 식초 한 컵
- ☐ 베이킹소다(탄산수소나트륨)
- ☐ 긴 유리컵 2개
- ☐ 티라이트 캔들 혹은 양초

직접 실험해 보아요

모든 실험 과정은 동영상으로 볼 수 있어요 ▶

양초를 일렬로 놓고 불을 붙이세요.

유리컵 하나에 대략 2cm 높이로 식초를 따르세요.

여기에 베이킹소다 한 큰술을 수북하게 떠서 넣어 보세요. 거품이
생기죠? 넘치지 않게 주의하세요.

식초가 든 컵 안에 액체가 가득 차 있다고 상상하며
조심스럽게 다른 컵에 부어 보세요. 잠깐! 이때 실제로
거품과 액체가 흘러들어 가면 안 됩니다.

거품과 액체 대신에 무언가가 흘러들어 갔어요. 바로
기체(gas)입니다.

보기에는 비어 있지만, 기체가 담긴 유리컵을 양초 불꽃
위에 '부어' 보세요. 불꽃이 꺼지나요?

식초와 베이킹소다가 들어 있는 컵에 아직 거품이 남아
있으면 '소화 기체'를 더 모을 수 있답니다.

CO_2 소화기를 언제 사용해야 할까요? 공기와 CO_2 중 어떤 것이 밀도가
높은가요?

왜 그럴까요?

식초와 탄산수소나트륨(베이킹소다)이 만나면 이산화탄소(CO_2) 기체를 발생시키는 화학 반응이 일어납니다. 이때 실험에서와같이 거품이 생깁니다. 이 기체는 눈에 보이지 않지만 공기 중으로 흘러나옵니다. 그러나 이산화탄소는 공기보다 밀도가 높기 때문에 아래로 가라앉습니다. 거품이 발생한 컵을 빈 컵에 대고 따르면, 이산화탄소는 빈 컵으로 흘러 내려가고 공기 아래에 깔리게 됩니다(그러나 시간이 지나면 곧 공기와 섞이게 됩니다).

양초 불꽃 위에 이산화탄소가 채워진 컵을 기울여 부으면 이 기체가 흘러내려 불꽃을 덮겠죠. 그러면 산소를 포함한 다른 기체를 밀어내면서 잠깐 동안 이산화탄소 '담요'로 덮이게 됩니다. 산소가 없으면 불꽃을 태울 수 없기 때문에 불꽃은 꺼지게 됩니다.

해보세요!

페트병에 식초를 약 2cm 높이로 채우세요.

불지 않은 풍선에 깔때기를 끼우고 베이킹소다를 작은술로 수북이 떠서 2번 정도 넣어 보세요.

그런 다음, 베이킹소다가 넘치지 않도록 주의하면서, 풍선을 페트병 입구에 씌우고 늘어뜨려 놓습니다. 이제 베이킹소다가 식초 속으로 떨어질 수 있도록 아이에게 직접 풍선을 들어 올려 보라고 하세요. 어떻게 될까요? 그리고 왜 그럴까요?

아빠의 아는 척!

실제 소화기는 이처럼 이산화탄소를 사용하기도 하고, 분말, 거품 혹은 물을 사용하기도 합니다. 실험에서처럼 이산화탄소 소화기는 노즐에서 나온 기체가 담요처럼 불을 감싸면서 불을 끄는 것이죠. 다른 소화기도 이와 같은 원리로, 각 재료가 산소를 차단하는 '담요'의 역할을 하는 것입니다. 또는 소방관의 호스처럼 그냥 물로 불길을 덮어버리기도 합니다.

이산화탄소 소화기는 높은 압력으로 농축된 기체를 사용합니다. 전기로 인한 화재인 경우, 물이나 거품을 사용해선 안 되므로 반드시 이산화탄소 소화기를 사용해야 합니다. 물은 전기를 전달하므로 감전될 위험이 있거든요.

← 이산화탄소 소화기. 검은 라벨에 'CO_2' 표시가 보이죠? 화재의 종류에 맞게 소화기를 적절히 사용하는 것은 매우 중요합니다.

03

달걀 위에서 걷기

달걀 껍질이 얼마나 강한지 알아볼까요.

얼마나 걸리나요?

10분

무엇을 배우나요?

달걀은 생각만큼 쉽게 깨지지 않아요.

무엇이 필요한가요?

우리집 부엌에서 쉽게 찾아볼 수 있는 재료들이에요.

☐ 달걀 한 판
   또는 10~15개들이 두 상자

주의

실험이 끝나면 따뜻한 물과 비누로
손발을 씻도록 하세요.

직접 실험해 보아요

모든 실험 과정은 동영상으로 볼 수 있어요 ▶

뾰족한 쪽이
모두 위로

반듯   반듯

바닥에 달걀 상자를 내려놓고 달걀의 뾰족한 쪽이 모두
위를 향하게 하세요.

부들, 부들;

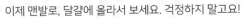

성공!!!!

이제 맨발로, 달걀에 올라서 보세요. 걱정하지 말고요!

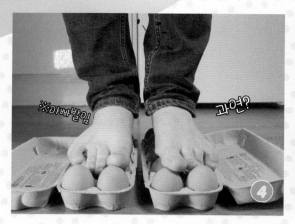

달걀이 아이의 무게를 견딜 수 있다면, 어른도 견딜 수 있을까요?

달걀의 개수가 절반만 있어도 견딜 수 있을까요?
용감한 어린이라면, 달걀 위에 올라서서 한쪽 다리
를 들어 보세요!

해보세요!

달걀은 떨어지거나 부딪히면 쉽게 깨지기 때문에 약하다고
생각할 수 있습니다. 그렇다면 달걀을 손안에서 깨뜨릴 수
있을까요? 아이에게 싱크대 위에서 날달걀을 손으로 최대
한 세게 쥐어 보라고 하세요.

왜 그럴까요?

"달걀 위를 걷는다(Walking on Eggshells)."라는 표현은 달걀이 얼마나 깨지기 쉬운지를 말합니다. 한국식으로 말하자면 "살얼음판을 걷는다."가 되겠지요. 바닥에 날달걀을 떨어뜨리면 어떻게 될지 잘 알죠? 하지만 그들이 뭉치면 어른의 무게도 견딜 수 있는 천하장사가 된답니다.

첫 번째로 알아야 할 것은 여러 개의 달걀이 여러분의 무게를 나누어 가진다는 겁니다. 한쪽 발에 6개의 달걀이 닿아 있다면, 달걀 한 개는 여러분 체중의 1/12만큼을 지탱하고 있는 겁니다.

그렇다 해도 무게가 여전히 적지 않죠! 하지만 달걀은 한

방향으로 눌릴 때 놀라울 만큼 강하답니다. 양끝, 특히 굴곡이 심한 뾰족한 쪽 끝은 아치(arch)와 같은 역할을 합니다. 아치는 어느 한 곳에 충격(또는 하중)이 집중되지 않도록 전체적으로 분산시키기 아주 좋은 형태입니다. 그래서 아치는 교량이나 오래된 교회, 성당의 천장에 많이 사용되었습니다.

하지만 충격이 한 곳에 집중되면 문제가 되겠죠. 칼로 달걀을 찌르면, 모든 힘은 칼날이 껍질에 닿는 바로 그 부분에 집중돼서 달걀이 깨지게 됩니다. 그러나 이 실험처럼 몸무게가 발바닥을 통해 달걀 꼭대기에 가해지면 충격이 껍질을 통해 고르게 분산됩니다.

아빠의 아는 척!

조개 껍질은 매우 단단하죠. 달걀 껍질은 그에 비하면 약합니다. 병아리의 임시 거처이기 때문입니다. 병아리가 자라서 때가 되면 스스로 알을 깨고 나올 수 있어야 하니까요. 하지만 달팽이, 게, 굴과 같은 동물들은 포식자로부터 자신을 보호하기 위해 껍질을 갑옷으로 사용합니다. 그러니 강하고 튼튼하게 만들어야겠지요.

진주를 품는 굴 껍질(진주층)은 판을 여러 개 겹친 합판과 같아서 충격에 매우 강합니다. 판 하나에 금이 가더라도 균열이 길게 이어지지 않고, 균열의 충격이 옆으로 쉽게 흩어져 버립니다. 그래서 균열이 모든 층에 전달되지 않습니다. 우리 인간은 이렇게 겹겹이 쌓인 디자인을 모방해서 갑옷과 같이 아주 단단한 물건을 만들어 내기도 합니다.

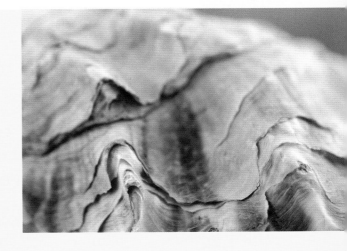

↗ 굴 껍질의 층 구조

04

버터
만들기

맛있는 과학 실험

얼마나 걸리나요?

20분

무엇을 배우나요?

어떻게 버터가 만들어질까요?

무엇이 필요한가요?

우리집 부엌에서 쉽게 찾아볼 수 있는 재료들이에요.

☐ 휘핑크림 한 팩

☐ 뚜껑 달린 큰 병

직접 실험해 보아요

모든 실험 과정은 동영상으로 볼 수 있어요 ▶

병에 크림을 따르고 뚜껑을 꼭 잠그세요.

병을 세게 흔들어 주세요! 아이가 힘들어하면 도와주고요.

중간에 한 번씩 뚜껑을 열어서 보여줘도 좋아요. 크림이 점점 굳어지는 게 보이나요?

이제 완전히 굳어서 노랗고 단단한 덩어리가 됐나요? 그게 바로 버터랍니다.

쪼록

⑤

맑은 액체도 좀 남아있을 거예요.

해보세요!

자, 여러분이 직접 버터를 만들었다면, 이번에는 다양한 물질들이 얼마나 빨리 열을 전달하는지 실험해 볼까요? 먼저 나무, 플라스틱, 금속 숟가락을 가지고, 각 손잡이 끝으로 버터 덩어리를 조금씩 떠냅니다. 그리고 그릇에 숟가락을 넣고 버터가 묻은 손잡이 끝이 그릇 가장자리에 오도록 놓아 보세요. 이제 주전자로 끓인 물을 그릇에 붓고 어떤 숟가락의 버터가 먼저 녹는지 관찰해 봅시다. 어떤 물질이 열을 가장 잘 전달하나요?

꿀꺽

짜잔~

⑥

병을 뒤집어 흔들면 버터가 나오죠?

얌

냠!

⑦

빵이나 토스트, 크래커에 발라서 맛있게 냠냠!

버터의 풍부하고 부드러운 맛은 어디서 오는 걸까요? 바로, 버터의 녹는점 온도와 입 안의 온도가 비슷하기 때문이랍니다.

왜 그럴까요?

이것은 버터를 만드는 전통적인 방법이에요. 예전엔 통에 크림을 붓고, 통에 달린 손잡이로 빙글빙글 돌려주었답니다.

우유와 휘핑크림에는 물에 뜨는 기름기 많은 작은 유지방 알갱이들이 있습니다(우유에는 약 5~10%, 휘핑크림에는 15~25%가 들어 있어요). 이들은 샐러드 드레싱(p.169)에서처럼 서로 분리되어 있어요. 우유에는 유지방 표면을 코팅하는 분자들이 있는데 이들이 막을 형성해서 유지방 알갱이들이 서로 엉켜서 응고되지 않도록 합니다.

하지만 흔들거나 저어주면 이 막이 깨지게 됩니다. 그러면 지방들끼리 점점 달라붙어 왁스 덩어리처럼 단단해집니다. 요즘 시중에 파는 버터는 덩어리를 짜내서 남아 있는 액체를 없앤 후 포장한 것입니다. 또한 맛을 내기 위해 소금을 넣기도 합니다.

아빠의 아는 척!

우유와 휘핑크림이 흰색을 띠는 것은 작은 유지방 알갱이 때문입니다. 지방은 원래 무색이지만, 작은 알갱이 입자들이 모든 빛을 '산란'시켜 사방으로 반사해 버립니다. 그래서 낮의 태양빛(이를 백색광이라고 합니다)은 우유에 투과되지 않고 모두 반사되며, 흰색 종이도 마찬가지입니다.

공기 중의 수분도 그렇습니다. 작은 물방울들은 원래 투명하지만, 빛을 산란시켜 불투명하고 하얀 구름과 안개를 만듭니다. 구름이 드물고 맑은 날에는 광선 대부분이 구름을 통과하지만 일부는 여전히 산란하므로, 구름 사이에서 뿜어져 나오는 빛줄기를 볼 수 있습니다. 같은 이유로 손전등을 안개나 연기 쪽으로 비추면 빛줄기가 더 잘 보이죠.

← 빛의 산란이 장관을 연출합니다. 공기 중의 작은 물방울들이 빛을 산란시키기 때문입니다.

05

케첩
다이버

명령하는 대로 떴다가 가라앉네요!

얼마나 걸리나요?

15분

무엇을 배우나요?

압력을 가해서 공기의 밀도를 변화시켜 볼까요?

무엇이 필요한가요?

우리집 부엌에서 쉽게 찾아볼 수 있는 재료들이에요.

- ☐ 일회용 케첩
- ☐ 물
- ☐ 투명한 페트병과 뚜껑

직접 실험해 보아요

모든 실험 과정은 동영상으로 볼 수 있어요 ▶

케첩 봉지를 빈 병에 밀어 넣어 떨어뜨립니다.

케첩 봉지

빈병

①

병에 물을 가득 채우세요. 케첩 봉지가 뜨나요? 안 뜨면 다른 종류의 케첩 봉지로 해보세요.

물을 부어주세요

입구까지 가득~

②

뚜껑을 잘 잠그세요. 단, 병 안에 공기 방울이 없어야 해요.

이제 병을 잡고 세게 눌러 보세요. 봉지가 가라앉나요?

다시 병을 놓으면 봉지가 뜨지요?

해보세요!

이 실험은 물체의 부력을 조절하는 또 다른 방법입니다. 큰 병에 물을 채우고 오렌지 하나를 통째로 넣으면 가라앉을까요? 껍질을 벗겨서 넣으면 어떻게 될까요? 결과가 다르다면, 이유가 뭘까요?

물체의 모양만 바꿔서 물에 뜨게 할 수 있을까요? 알루미늄 포일이나 플레이도우(공작용 점토 또는 밀가루 반죽)로 실험해 보세요.

왜 그럴까요?

케첩은 물보다 밀도가 크기 때문에 케첩이 꽉 찬 봉지라면 당연히 가라앉을 텐데요. 보통 케첩 봉지에는 조금의 공기 방울이라도 남아 있어서 부력을 만들게 됩니다. 케첩, 공기, 플라스틱 포장지를 모두 결합하면 물의 밀도보다 작아져서 결국 물에 뜨게 된답니다.

병을 누르면 가장 크게 영향을 받는 것은 무엇일까요? 물은 압력을 받아도 부피가 좀처럼 줄어들지 않습니다. 물의 부피를 줄이는 것은 보통 압력으로는 어림도 없습니다. 하지만 케첩 봉지 안에는 물보다 쉽게 수축

하는 공기 방울이 있기 때문에 결국 케첩 봉지는 수축하게 됩니다. 그렇게 케첩 봉지의 부피는 줄어들지만 공기 방울의 질량은 그대로 유지되므로 밀도가 증가하게 되고요. 그러면 전체 케첩 봉지의 밀도가 물보다 커져서 아래로 가라앉게 됩니다.

여기서 우리가 알 수 있는 것은 공기 또는 기체의 부피를 변화시키는 것이 물과 같은 액체보다 훨씬 쉽다는 것입니다.

아빠의 아는 척!

스쿠버 다이빙에서 부력 조절은 매우 중요합니다. 사람의 폐에는 공기가 차 있어서 사실 꽤나 부력이 있기 때문입니다. 그래서 스쿠버 다이버들이 수중으로 내려갈 때는 무거운 기구를 사용합니다. 그러나 다시 올라오거나 속도를 조절해가며 내려가야 할 때는 부력 조절 장치를 사용합니다. 다이버의 재킷은 몸에 붙은 풍선 역할을 해서, 압축공기 실린더를 통해 공기를 주입할 수 있습니다. 압축공기는 밀도가 높지만, 그 중 일부로 풍선을 채우면 큰 부력을 얻을 수 있습니다. 다시 부력을 줄이고 싶으면 풍선의 밸브를 통해 공기를 천천히 배출시키면 됩니다.

안전한 다이빙을 위해서는 부력 조절 기술을 익히는 것이 매우 중요합니다. 깊이 내려갈수록 물의 압력은 더욱 높아집니다. 따라서 수중에서 내가 원하는 깊이를 유지하려면 부력을 조절할 수 있어야 합니다. 또한 올라가거나 내려갈 때 적절한 속도를 유지해야 합

↗ 부력 조절은 스쿠버 다이빙의 핵심입니다.

니다. 다이버가 너무 빨리 올라가게 되면 주변 수압이 급격하게 감소하여, 혈액 속에 녹아 있던 기체가 기포를 발생시키면서 통증(잠수병)과 호흡 곤란을 일으킬 수 있습니다.

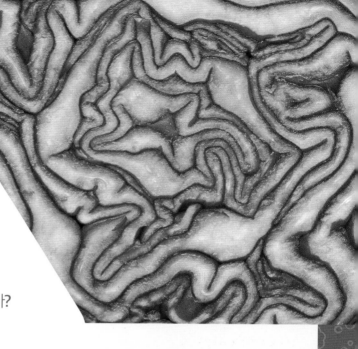

06

양배추 지시약

빨간 양배추 줄까, 파란 양배추 줄까?

얼마나 걸리나요?

40분

무엇을 배우나요?

산과 알칼리가 물질의 색깔을 어떻게 바꿀까요?

무엇이 필요한가요?

우리집 부엌에서 쉽게 찾아볼 수 있는 재료들이에요.

☐ 적양배추 잎 몇 개

☐ 식초

☐ 레몬 한 개

☐ 물 1리터 + 희석할 물 약간

☐ 작은 컵 2개

☐ 베이킹소다와 가루 세제, 그리고 숟가락

☐ 믹서기

☐ 주전자

☐ 체

☐ 투명한 컵 5개

☐ 스포이트 2개

☐ 보안경

직접 실험해 보아요

모든 실험 과정은 동영상으로 볼 수 있어요 ▶

> **주의**
>
> 이런 화학 실험에서는 아이에게 보안경을
> 쓰게 하는 것이 좋습니다.
> 레몬즙이 튀어서 눈이 따가울 수도 있어요!

물 1리터와 적양배추 잎을 믹서기로 갈아서, 체에 밭쳐 액체만 얻어냅니다.

이 위에 또
컵의 입구 에서
3cm 남기고 물 채우기

3cm

3cm

3cm

컵 다섯 개를 일렬로 세우고 걸러낸 액체를 3cm 정도씩 부으세요. 그러고 나서 각 컵의 위에서부터 약 3cm가 되는 높이까지 물을 채우세요.

단, 색이 변하는 것을 확인하려면 액체가 너무 진하면 안 되니까 물의 양을 적당히 조절하세요.

작은 컵 | 꾸욱 짜~

작은 컵 하나에 식초를 넣고, 다른 작은 컵에는 레몬(반개)에서 짜낸 즙을 넣어 두세요.

식초 몇 방울

아이가 스포이트를 사용해서 식초와 레몬즙을 양배추가 든 컵에 각각 직접 떨어뜨리게 한 다음, 어떻게 되는지 관찰하세요!

+ 식초 + 레몬즙 + 물 + 베이킹소다 + 세제

세 번째 컵에는 물만 더 넣어서, 산도 알칼리도 아닌 '중성' 물질을 만드는 것도 괜찮아요. 이제 숟가락으로 베이킹소다와 가루 세제를 각각 넣습니다.

양배추즙이 어떤 색이 되나요?

해보세요!

부엌에 있는 다른 액체들은 어떤 색으로 변하는지도 실험해 보세요. 이때, 잠시라도 아이들에서 눈을 떼지 않도록 주의하세요.

적양배추 외에 다른 야채나 과일로도 실험해 보세요. 체리, 적양파, 딸기, 강황…. 그리고 색깔이 같은 방식으로 변하는지도 비교해 보세요.

왜 그럴까요?

적양배추에는 일종의 지시약이라고 불리는 물질이 들어 있습니다. 지시약이란 액체에 담갔을 때 산성인지 알칼리성인지에 따라 색이 변하는 물질입니다. 적양배추에 들어 있는 지시약은 안토시아닌이라고 하는데, **산성이면 분홍빛 나는 붉은색, 알칼리성이면 푸른색을 띠게 됩니다. 중성이면 보라색이 되고요.**

색이 변한 것을 보면, 레몬즙과 식초는 산성이고 베이킹소다와 세제는 알칼리성 물질입니다. 레몬즙이 식초보다 조금 더 강한 산성이고, 세제가 베이킹소다보다

약간 더 강한 알칼리성이기 때문에 색깔에 차이가 있습니다.

혹시, 리트머스라는 지시약을 알고 있나요? 리트머스는 몇몇 이끼에서 발견되는 물질로 만든 것인데요. 리트머스는 보통 긴 종이에 흡수시키고 말려서 리트머스 시험지라는 형태로 사용하며, 이것을 액체에 담가 산성인지 알칼리성인지 확인할 수 있답니다. 안토시아닌과 마찬가지로 산성이면 붉은색, 알칼리성에서는 푸른색을 띠게 됩니다.

아빠의 아는 척!

색이 변하는 지시약은 식물 색소에서 흔하게 볼 수 있습니다. 이 색소가 바로 꽃과 잎의 색깔을 내게 한답니다. 그래서 이런 물질을 가진 꽃은 그 색깔만으로도 산성 토양(예를 들어 토탄이 많은 토양)에서 자라는지 알칼리성 토양(찰흙)에서 자라는지 알 수 있어요.

수국은 적양배추와는 반대로 색이 변합니다. 강한 산성 토양에서는 파란색, 알칼리성 토양에서는 분홍이나 빨간색을 나타냅니다. 그러니까 여러분은 이렇게 지표가 되는 식물을 키우는 것만으로도 토양의 화학 성질에 대해 말할 수 있겠죠.

← 수국은 산성 토양에서는 파랗고 알칼리성 토양에서는 빨간색입니다.

CURIOUS

호기심을
자극하는
놀이

아빠와
놀이 실험실

07

자석 만들기

전기를 이용해서 못으로 자석을 만들어 볼까요?

얼마나 걸리나요?

30분

무엇을 배우나요?

전기는 어떻게 자성을 만들까요?

무엇이 필요한가요?

☐ 큰 쇠못

☐ 얇은 에나멜선(절연구리선) 약 40cm
  (양끝에 5cm 정도 피복을 벗겨 낸 것)

☐ C형 건전지

☐ 작은 판지(약 10cm×3cm)

☐ 접착테이프

☐ 클립 한 뭉치

직접 실험해 보아요

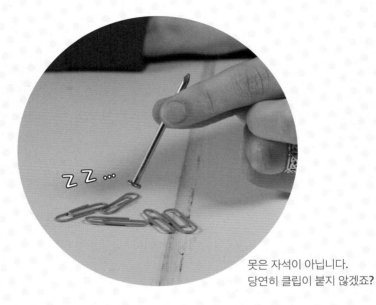

못은 자석이 아닙니다.
당연히 클립이 붙지 않겠죠?

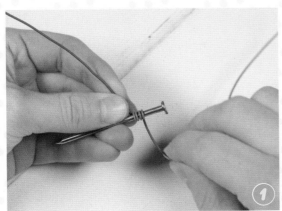

이제 구리선으로 못을 촘촘히 감습니다.

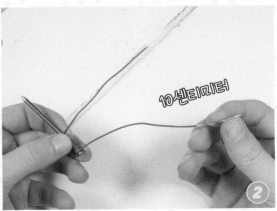

구리선 양끝은 10cm 정도 남겨두세요.

요렇게
구부려서

③

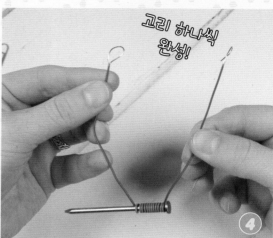

고리 하나씩
완성!

④

구리선의 피복이 벗겨진 끝을 동그랗게 구부려 고리를 만듭니다.

판지 가운데에
올려서

⑤

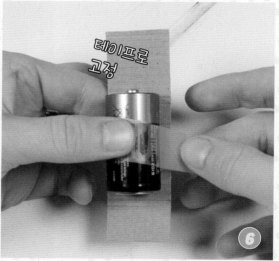

테이프로
고정

⑥

건전지를 판지 가운데 놓고 테이프로 붙입니다.

(-)극에
아까 만든 고리 부착

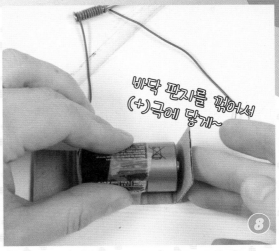

바닥 판지를 꺾어서
(+)극에 닿게~

건전지의 평평한 음극(-) 쪽에 구리선의 고리 하나를 테이
프로 붙이세요.

판지를 건전지의 양극(+) 쪽에 닿게 수직으로 구부린 후,
꾹 눌러서 판지에 자국을 내어 건전지 양극의 볼록한 중심
이 닿는 지점을 확인합니다.

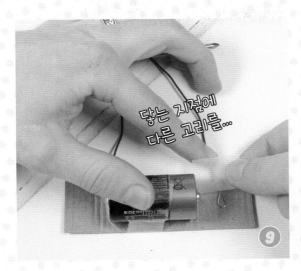

닿는 지점에
다른 고리를…

구리선이 건전지와
만나나요?

만났네~

다시 판지를 펴서, 자국이 난 자리에 구리선의 남은 쪽 고
리를 테이프로 붙입니다. 판지를 접으면 구리선이 건전지
에 닿아야 해요.

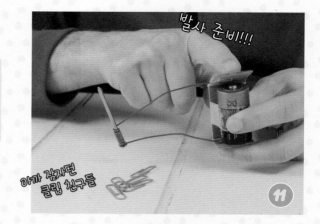

발사 준비!!!

아까 갑자던 클립 친구들

11

못 가까이에 클립들을 놓고, 판지를 건전지 쪽으로 접어
보세요. 전선 고리가 건전지 단자에 닿았나요?

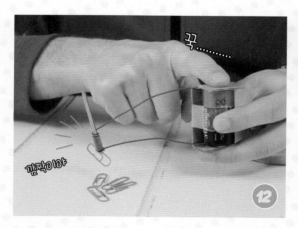

꾹··········

깜짝이야

12

클립은 어떻게 되나요?

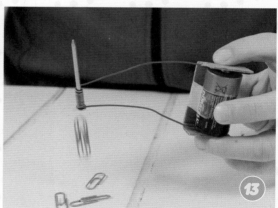

13

판지를 다시 펴면 어떻게 되나요?

전자석에서 못을 빼도 여전히 작동할까요? 자기장이 남아 있는지 확인
하려면 옆에 나침반을 놓고, 전선을 건전지에 연결할 때 나침반 바늘
이 움직이는지 관찰해 보세요.

왜 그럴까요?

지금 우리가 만든 게 전자석입니다. 전기로 켜고 끄는 자석이죠.

전기와 자기는 밀접한 관계가 있습니다. 전류가 전선을 타고 흐르면 그 주위에 둥글게 자기장이 생성됩니다. 전류에 의한 자기장은 19세기 초 덴마크 과학자 한스 크리스티안 외르스테드(Hans Christian Oersted)가 발견했습니다. 전선을 더 촘촘히 감으면 자기장은 더욱 강해집니다. 이렇게 생성된 자기장이 쇠못을 자석으로 만든 것이죠.

해보세요!

못에 구리선을 더 많이 감아서 전자석의 강도가 어떻게 변하는지 알아보세요. 그러면 못이 더 많은 클립을 들어 올릴 수 있을까요?

아빠의 아는 척!

전자석은 일상생활에서 다양하게 사용됩니다. 한번 전자석 기중기를 살펴볼까요.

전자석 기중기는 크고 강력한 전자석으로 쇳덩어리를 들어 올립니다. 이때 사용하는 전자석도 방금 한 실험처럼 켰다, 껐다 할 수 있는 자석의 일종입니다. 자석으로 금속 물체를 들었다 놓는 것은 산업 현장의 까다로운 문제들을 해결하는 좋은 방법입니다. 이러한 전자석 기중기는 폐금속을 쓰레기장으로 옮기는 데 사용됩니다. 폐차 같은 고철들을 집어 올려서 원하는 곳으로 기중기를 돌린 다음 자석을 끄고 금속을 쏟아 놓습니다.

← 전자석 기중기로 고철을 옮기고 있네요.

08

풍선
터트리기

공기도 무게가 있습니다. 증명해 볼까요?

얼마나 걸리나요?

15분

무엇을 배우나요?

공기도 무게가 있어요.

무엇이 필요한가요?

☐ 같은 풍선 두 개

☐ 약 30cm 길이의 실 세 개

☐ 긴 나무 꼬챙이

☐ 핀 또는 이쑤시개

직접 실험해 보아요

풍선에 바람을 붑니다.

풍선 입구를 묶고 나서, 실도 묶어서 연결하세요.

남은 풍선도 되도록 같은 크기로 불어서 똑같이 연결하세요.

균형을 맞춰

테이프를 붙이고 구멍을 뚫어도 돼요

나무 꼬챙이 양끝에 풍선을 매달 수 있게 실로 고리를 만듭니다. 남은 실로는 꼬챙이 가운데를 묶어서 들어 올려 봅니다. 이때 실의 매듭을 좌우로 왔다 갔다 하면서 양쪽에 매달린 풍선이 균형을 이루게 해보세요.

풍선 하나를 핀으로 찌릅니다. 이때 갑자기 터져 버리지 않도록 풍선의 입구 부분에 구멍을 내세요.

쉬이............

바람이 빠질 때 균형을 잘 잡으세요. 매달린 풍선들이 빙글빙글 돌아갈 테니까요. 바람이 빠져도 균형을 유지하나요?

이번에는 같은 실험을 하되, 풍선 옆면에 구멍을 내 보세요. 결과가 달라질까요?

해보세요!

우리는 산소를 들이마시고 이산화탄소를 내쉰다고 하죠. 그러나 우리가 내쉬는 공기와 들이마시는 공기는 아주 크게 다르진 않습니다. 들이마시는 주변 공기에는 약 0.04%, 내쉬는 공기에는 약 4%의 이산화탄소가 있습니다. 그렇다 해도, 이산화탄소는 공기보다 무거워서 입으로 주입한 공기는 이 실험 결과에 영향을 미칠 수 있습니다. 펌프로 풍선에 일반 공기를 넣어서 실험해 보세요. 결과가 달라질까요?

페트병처럼 밀폐된 용기에 든 공기의 온도를 변화시키면 어떻게 될까요? 빈 페트병의 뚜껑을 닫아 냉장고에 5분 정도 넣고 온도 변화가 어떤 영향을 주는지 확인해 보세요. 또는 냉장고에 뚜껑 열린 페트병을 5분 정도 두었다가 꺼내서 찌그러뜨린 다음 뚜껑을 잠그고 햇빛에 놓아두세요. 병 안의 온도가 올라가면, 공기가 팽창하여 안에서 밖으로 페트병 벽을 밀어내게 되겠죠.

정리하면, 기체의 압력과 밀도, 온도는 서로 연관되어 있답니다.

왜 그럴까요?

우리는 공기에 무게가 없다고 생각하지만 그렇지 않습니다. 우선 공기 중에는 아무것도 없는 것이 아닙니다. 공기는 주로 산소와 질소, 그 밖의 다양한 기체 분자들로 채워져 있습니다. 물론 같은 부피의 나무와 빵에 비하면 분자의 수가 훨씬 적긴 하지만, 분자들은 공기 속에 있고 따라서 공기는 무게를 가집니다. 그래서 풍선의 바람이 빠지면 풍선이 가벼워지는 거죠.

대기 중의 공기 무게는 실제로는 매우 크답니다. 100원짜리 동전 크기의 면적 위에 있는 모든 공기의 무게는 약 4.7kg 정도랍니다. 실제로 1cm²당 약 1.033kg의 압력이 가해지죠(설탕이나 밀가루 1kg짜리 봉지를 들어보면 얼마나 무거운지 알 수 있습니다). 우리 몸의 크기를 계산하면 우리가 지탱하는 압력이 얼마나 큰지 알 수 있겠죠!

뜨거라;;

아빠의 아는 척!

풍선 안의 공기가 바깥보다 따뜻하면 풍선은 위로 올라갑니다. 그렇다면 뜨거운 공기가 더 가벼운 건가요? 그렇지는 않아요. 공기, 즉 풍선의 무게는 설탕이나 물처럼 그 안에 얼마나 많은 입자를 갖고 있느냐에 달렸습니다. 공기가 뜨거워질 때 변하는 것은 무게가 아니라 밀도입니다. 즉, 단위 부피당 무게입니다.

공기는 따뜻해지면 팽창합니다. 열기구의 버너를 켜서 안의 공기를 가열하면, 풍선은 팽창하고 공기 일부가 구멍 밖으로 새어 나가게 됩니다. 그러면 안의 공기량이 줄어들면서 무게도 줄어듭니다. 이제 풍선은 주변의 공기보다 가벼워져서 위로 상승하게 됩니다. 다시 온도가 내려가면 공기는 수축하고, 풍선 안으로 더 많은 공기가 빨려 들어와 무거워집니다. 그럼 아래로 가라앉게 되겠죠. 열기구는 이렇게 상승과 하강을 조절한답니다.

09

연필로
전기 회로 만들기

전구를 켤 수 있는 전기 회로를 그려볼까요?

얼마나 걸리나요?

15분

무엇을 배우나요?

연필심에 사용하는 흑연은 전도체입니다.

무엇이 필요한가요?

☐ 약 6B 정도의 부드러운 연필

☐ A4 용지

☐ 9V 건전지

☐ 5mm 빨간색 LED(발광 다이오드)

☐ 접착력이 강한 테이프

직접 실험해 보아요

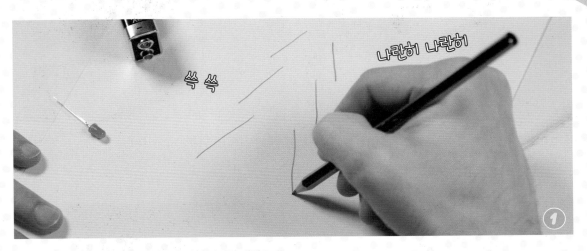

쓱 쓱

나란히 나란히

선 세 개를 어긋나게 그리고, 거울에 비친 것처럼 대칭으로 세 개를 더 그립니다.

크리스마스 트리

크리스마스트리가 되게 선들을 연결하고, 맨 위에는 열어 두세요. 트리의 몸통 굵기가 건전지의 두 단자 간격(약 1cm)이 되게 하세요.

넌 트리의 별이 될거야

이제 선을 더 두껍게 그리세요. 윤이 날 정도로 진하게요. 트리의 상단에 맞게 LED의 두 다리를 옆으로 벌리세요.

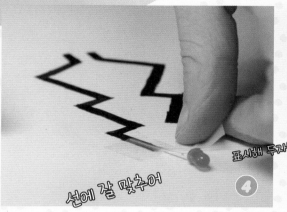

선에 잘 맞추어

4

표시해 두자! 이렇게 +, -

5

벌어진 LED 다리를 연필 선에 잘 맞추어 테이프로 붙입니다. LED의 긴 다리는 양극(+), 짧은 쪽은 음극(-)입니다. 트리 아래쪽에 각각 '+', '-'를 적어둡니다.

+, -에 따라 건전지의 +, - 단자가 트리 아래쪽 몸통에 닿도록 세웁니다.

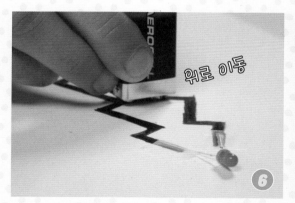

위로 이동

6

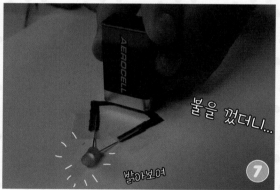

불을 껐더니...

밝아보여

7

LED가 켜졌나요? 이제 건전지를 트리 위쪽으로 옮겨 보세요. 더 밝아지나요?

방이 어두워야 LED가 더 선명하게 보이겠죠.

우리 집에 연필심처럼 건전지를 LED에 연결할 수 있는 전도체가 또 있을까요? 다이아몬드와 흑연은 둘 다 온전히 탄소로만 구성되어 있는데, 어떻게 성질이 다를 수 있을까요?

왜 그럴까요?

건전지로 전류를 흘려보내서 LED를 켜려면 전도체로 연결해야 합니다. 보통은 가전제품의 전선처럼 전기를 전도하는 금속 전선(일반적으로 구리선)을 주로 사용합니다. 이제 우리는 흑연으로 만들어진 연필심도 전기를 전도한다는 것을 알게 되었습니다.

흑연이 훌륭한 도체는 아니라서 LED가 아주 밝지는 않습니다. 하지만 빛을 내는 것을 볼 수 있지요? (실제로 이러한 LED를 제대로 켜려면 약 1.8V가 필요합니다. 여기서 사용한 9V 건전지보다 낮은 전압이면 되지만, 흑연은 뛰어난 도체가 아니기 때문에 건전지에서 먼 트리 끝으로 갈수록 전압이 낮아집니다.) 건전지를 트리 위쪽에 놓았을 때 LED가 더 밝아진 것은 전류의 이동 거리가 짧기 때문입니다. 전선이 길어지면 전압이 조금씩 새어 나간답니다.

해보세요!

나만의 그림을 그려 보세요. LED가 무엇이 될 수 있을까요? 괴물의 눈이나 자동차 헤드라이트…?

아빠의 아는 척!

흑연과 다이아몬드는 탄소 원자로만 구성되어 있습니다. 그런데 흑연은 전도체인 반면 다이아몬드는 그렇지 않습니다(절연체입니다). 같은 탄소인데 왜 다를까요?

답은 탄소 원자들의 배열이 다르기 때문입니다. 흑연의 탄소는 평평한 평면 구조로 결합하여, 전자(전류를 만드는 작은 충전된 입자)들이 평면을 자유롭게 돌아다닐 수 있습니다. 하지만 다이아몬드 원자들은 3차원 격자 구조(놀이터의 철봉 프레임처럼)로 쌓여 있어서 전자가 격자를 타고 올라가지 못합니다. 전자가 원자에 그대로 붙어 있으니 전기가 통하지 않겠죠.

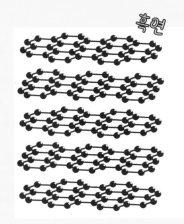

흑연

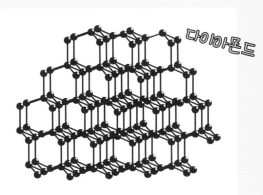

다이아몬드

← 흑연과 다이아몬드의 탄소 원자 배열

10

나만 쳐다보는 얼굴

자기 사진을 보고 놀랄 거예요.

얼마나 걸리나요?

20분

무엇을 배우나요?

뇌가 착각을 일으키게 속여 봅시다.

무엇이 필요한가요?

☐ 카메라

☐ A4 크기를 인쇄할 프린터

☐ 가위와 접착테이프

☐ 얼굴을 붙일 받침대(예를 들어 상자 뚜껑과 검은색 판지)

☐ 양면테이프

직접 실험해 보아요

모든 실험 과정은 동영상으로 볼 수 있어요 ▶

예쁘게 오려보자 ①

카메라를 정면으로 보고 얼굴 사진을 찍으세요. 실제 얼굴과 비슷한 크기로 프린트해서 얼굴선을 따라 조심스럽게 오려 보세요.

둥글게 만들기 위해   중앙을 향하게 ②

그림과 같이 대각선 방향의 4곳을 가위로 자릅니다.

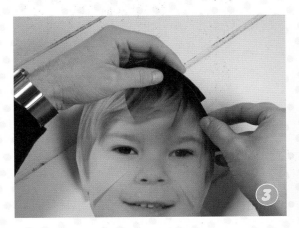

③

자른 곳이 서로 겹치게 구부리고 뒷면을 접착테이프로 고정합니다. 그럼 그릇 모양이 되겠죠?

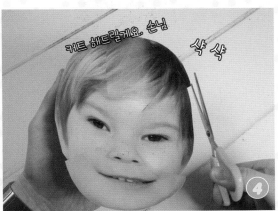

커트 해드릴게요, 손님   샥 샥 ④

튀어나온 가장자리는 가위로 잘 정리해 주세요.

양면 테이프를 사용

⑤

받침대(상자 뚜껑과 검은색 판지로 만든)에 양면테이프로 붙입니다.

해보세요!

함박눈이 쌓였을 때, 눈 속에 얼굴을 조심스럽게 파묻고 천천히 빼서 '오목한 얼굴(hollow face)'을 만들어 보세요. 잠깐 동안 매우 차갑겠죠. 이렇게 만든 얼굴이 일으키는 착시가 사진을 잘라 만든 얼굴이 일으키는 착시보다 더 강력할까요?

중앙에 붙여서 옆에서 보면

평평한 종이지만 입체적으로 보이죠? 그리고 실제로 얼굴은 안으로 들어가 있지만, 밖으로 튀어나온 것처럼 보이지 않나요?

좌우로 돌려서 볼까요?

⑥

자, 이제 얼굴을 집중해서 바라보세요. 다른 각도에서 보면 어떻게 달라 보이나요?

왜 그럴까요?

이러한 착시 현상은 우리의 눈은 실제를 보고 있는데도, 우리의 마음은 때로는 이미 '잘 알고 있는' 대로 보려는 걸 나타냅니다.

얼굴 모습이나 그림자가 진 형태처럼 우리에게 익숙한 시각적 요소들이 그릇처럼 오목한 모양으로 표현된다면 우리의 뇌는 어떻게 받아들일까요? 평소에 보는 우리의 얼굴은 볼록합니다. 그릇처럼 안쪽으로 구부러진 것이 아니라 바깥쪽으로 튀어나와 있지요. 그래서 우리의 마음이 늘 보던 방식으로 보려고 한답니다.

컵에 물을 반쯤 채운 다음,
안에 연필을 넣고 옆에서 관찰
해 보세요.
연필이 부러져 보이죠?

↗ 프란스 할스의 '웃고 있는 기사'는 우리가 좌우로 움직여도 우리를 계속 쳐다보는 것처럼 보입니다.

아빠의 아는 척!

유명한 '얼굴 착시'로는 초상화가 있어요. 초상화 주변을 돌면서 그림을 보면 마치 눈이 나를 따라오는 것처럼 보이는 것입니다. 17세기 네덜란드 화가 프란스 할스(Frans Hals)의 유화 '웃고 있는 기사(The Laughing Cavalier)'가 특히 유명합니다.

누군가는 할스와 같은 화가들에게 이런 효과를 내는 특별한 비법이 있다고 말하기도 합니다. 하지만 실제로 그런 것은 아닙니다. 초상화 속 인물의 시선이 똑바로 정면을 향하고 있다면 그렇게 느껴질 수 있습니다. 특히 얼굴의 빛과 그림자가 강하면 더욱 그렇게 보입니다. 실제로 우리가 누군가를 좌우로 이동하면서 보게 되면, 각도에 따라 얼굴의 그림자가 다르게 보입니다. 미묘한 변화지만, 우리의 뇌는 상대적으로 그의 얼굴과 우리의 위치가 달라졌다는 것을 충분히 알 수 있습니다. 물론 실제 얼굴의 시선도 달라졌을 테고요. 그러나 초상화의 그림자는 실제가 아니기 때문에 변하지 않고 그림에 고정되어 있습니다. 그래서 우리의 뇌는 초상화의 얼굴과 우리가 계속 같은 방향에 있다고 해석하여 시선이 우리를 계속 쫓아오게 되는 거지요.

11

풍선
스위치

풍선과 머리카락만으로 전구를 켜볼까요?

얼마나 걸리나요?

5분

무엇을 배우나요?

내 몸의 전기를 이용해 전구에 불을 켜봅시다.

무엇이 필요한가요?

☐ 풍선 한 개

☐ 아이(의 머리카락)

☐ 형광등

직접 실험해 보아요

네 머리만 하게 만들어 보자

① 풍선을 붑니다.

30초 간
문질 문질

풍선을 아이 머리에 30초 정도 문지르
세요. 풍선을 들면 머리카락이 같이 올
라가지요?

②

뜬 머리

이번엔 전구를 대보자 ③

이제 풍선을 전구 가까이 대보세요.

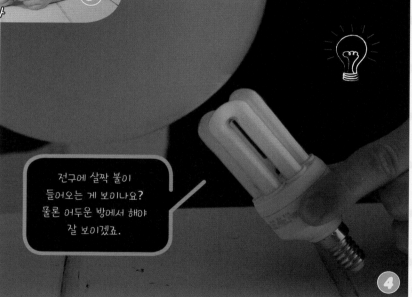

전구에 살짝 불이
들어오는 게 보이나요?
물론 어두운 방에서 해야
잘 보이겠죠.

④

해보세요!

빗과 같은 물건으로도 정전기를 만들 수 있어요. 수도꼭지를 살짝 틀어 놓고, 정전기가 발생한 물체를 물에 닿지 않게 가까이 가져가 보세요. 어떻게 되나요?

정전기가 있는 풍선을 종잇조각이나 후추 알갱이에도 가까이 대보세요.

카펫이 깔린 데에서 금속을 만졌을 때
정전기가 일어난 적이 있나요?
왜 그럴까요?

왜 그럴까요?

풍선을 머리카락이나 울 스웨터에 문지르면 정전기가 발생합니다. 문지르는 운동 때문에 전기를 띠는 전자가 섬유 밖으로 빠져나오고, 풍선에 모여 전하를 띠는 것이죠.

형광등은 튜브에 채워진 기체 내에 흐르는 전류로 동작합니다. 이때 전류는 기체 중에서 이온이라는 전하를 띤 입자들의 운동으로 만들어지고요. 형광등을 소켓에 끼우고 스위치를 켜면, 이온이 기체 속에서 당겨지면서 다른 원자들과 충돌하며 에너지를 전달하는

과정에서 빛을 발산합니다. 이러한 빛은 자외선 영역에 있기 때문에 우리 눈으로 볼 수 없지만, 튜브 안쪽 벽에 코팅된 인광 물질에 의해 흡수되면서 가시광선으로 변환됩니다.

풍선의 정전기가 튜브에 가까워질 때에도 같은 일이 일어납니다. 튜브 안의 이온이 끌어당겨지고, 이러한 움직임으로 기체에서 충돌이 일어나 빛을 발산합니다. 하지만 아주 잠깐입니다. 풍선은 반대 극성의 전하를 빠르게 끌어당겨 전하 전체가 중화되기 때문이지요.

아빠의 아는 척!

옛날부터 호박(고대 그리스어로 '엘렉트론(elektron)'이라고 불림)과 같은 물체를 문지르면 작은 곡식 알갱이를 끌어당길 수 있다고 알려져 왔습니다. 이러한 정전기는 18세기 말, 처음 전기를 연구한 과학자들이 사용하기 시작했습니다. 그리고 얼마 후, 전류를 일정하게 공급할 수 있는 전지가 발명되었습니다. 또한 과학자들은 많은 양의 정전기를 모으기 위해, 손으로 바퀴나 구체를 돌려 금속 조각을 문지르게 만든 정전기 발생 장치를 개발했습니다.

마찰은 엄청난 양의 전기를 만들 수 있습니다. 구름 입자들이 부딪치면서 마찰로 말미암아 발생한 정전기가 실은 번개와 천둥인 것이죠. 구름은 엄청난 양의 전기를 모을 수 있으므로 구름과 땅 사이에 전류가 흐를 때 불꽃을 만드는 것이랍니다.

← 번개는 뇌운의 정전기에 의해 발생합니다.

12

컵 속의 밀도

층층이 화려한 색깔의 액체 타워에서 어떤 것이 뜨고, 어떤 것이 가라앉을까요?

얼마나 걸리나요?

20분

무엇을 배우나요?

물질은 저마다 밀도가 다릅니다.

무엇이 필요한가요?

☐ 꿀이나 시럽

☐ 식용유

☐ 물과 식용 색소

☐ 긴 유리컵

☐ 물에 띄울 물건: 구슬(유리나 쇠로 된), 포도알, 조립 블록(레고 같은), 스티로폼 또는 탁구공

직접 실험해 보아요

모든 실험 과정은 동영상으로 볼 수 있어요 ▶

+ 식용색소

물 이만큼

유리컵에 물 1/3을 붓고, 식용 색소를 넣어 주세요(파란색이 다른 액체와 비교하기 좋아요).

+ 시럽

꿀이나 시럽을 넣을 건데, 천천히 같은 양으로 흘러나오게 튜브를 짜세요. 곧장 바닥으로 가라앉아서 층이 만들어질 거예요. 1/3 정도 채워 주세요.

+ 식용유

이번에는 식용유를 조심스럽게 부으세요. 아마 물 위에 층을 만들 거예요.

+ 구슬

이제 물건을 하나씩 넣어 볼까요. 먼저 구슬(바닥에 가라앉겠죠).

+ 포도

나 구슬

⑤

다음은 포도(물에서는 가라앉고, 꿀에서는 떠 있을 거예요).

+ 블록

난 포도

나 구슬

⑥

조립 블록(물과 기름 사이에 떠 있을 거예요).

+ 스티로폼

난 블록이다

난 포도

나 구슬

⑦

스티로폼(맨 위에 떠 있을 거예요).

해보세요!

이번에는 물의 밀도를 다르게 바꿔 볼까요? 두 개의 컵에 물을 채우고, 그중 한 컵에 소금 두 큰술을 수북이 넣고 저어 줍니다. 소금은 물의 밀도를 높이거든요. 이제 날달 걀을 양쪽 컵에 조심스럽게 넣어 보세요.

달걀은 물보다 밀도가 높아서 순수한 물에서는 가라앉습니다. 그러나 소금물보다는 밀도가 낮아서 소금물에서는 떠 있게 된답니다.

물보다 밀도가 높은 것들은 무엇이고, 낮은 것들은 무엇인가요?
이번 실험에 사용한 모든 물체와 액체를 밀도가 높은 순서대로
정리해 보세요.

왜 그럴까요?

밀도는 물체의 단위 부피당 무게입니다. 예를 들어, 한 컵 분량의 물질들이 각각 얼마나 무거운지 그 정도를 나타내는 것이죠. 물은 식용유보다 밀도가 높지만 꿀보다는 낮아요. 그래서 꿀이 제일 밑바닥에, 그 위에 물, 식용유의 순인 것이죠.

컵에 넣은 고체들 역시 밀도가 다릅니다. 구슬은 꿀보다 밀도가 높아서 바닥에 가라앉지요. 포도는 물보다 밀도가 높지만 꿀보다는 낮아서 경계선에 떠 있게 됩니다. 조립 블록은 물에 뜨지만 기름보다는 밀도가 높고, 스티로폼은 그 중 밀도가 가장 낮기 때문에 기름 위에 떠 있게 됩니다.

아빠의 아는 척!

실험을 통해서 우리는 물질의 밀도가 저마다 다르다는 것을 알았습니다. 그런데 물질 자체의 밀도가 변할 수도 있습니다. 금속이나 유리, 기름 같은 대부분의 물질은 온도가 변하면 밀도가 변하게 됩니다. 따뜻해지면 팽창하여 밀도가 낮아지고, 차가워지면 밀도가 높아집니다. 그러나 물은 좀 다릅니다. 물은 섭씨 4도에서 가장 밀도가 높고, 그보다 높거나 낮으면 팽창하여 밀도가 낮아집니다. 이것이 바로 얼음이 물에 뜨는 이유랍니다.

그렇다면 4℃ 물은 더 차가운 물 아래로 가라앉게 되겠죠. 그래서 차가운 호수의 바닥에 있는 물이 수면의 물보다 약간 더 따뜻하고, 겨울에 물이 얼 때 아래가 아닌 위에서부터 얼기 시작하는 이유입니다. 또한 수면에 얼음 막이 생기면 아래쪽 물은 열을 덜 뺏겨서 얼지 않게 됩니다. 즉, 얼음 막이 단열재 역할을 해서 얼음 밑의 물이 액체 상태를 유지할 수 있게 되고, 그 안에 있는 물고기 같은 생명체들이 얼지 않고 살아갈 수 있는 거죠.

겨울철 호수는 위에서부터 얼기 시작합니다. 가장 밀도가 높은 물(맨 아래로 내려가는 물)이 어는점보다 4℃ 높기 때문입니다.

FAMILY

온 가족이
즐기는
놀이

Family

아빠와 놀이실험실

13

하모니카
만들기

손쉽게 만든 악기로 연주해 보세요.

얼마나 걸리나요?

20분

무엇을 배우나요?

진동으로 소리를 낼 수 있습니다.

무엇이 필요한가요?

☐ 넓고 납작한 나무 막대기(아이스크림 막대) 두 개

☐ 고무줄 5개

☐ 장식용 테이프나 스티커(페인트칠 된 것은 입에 들어갈 수 있으니 피하세요.)

직접 실험해 보아요

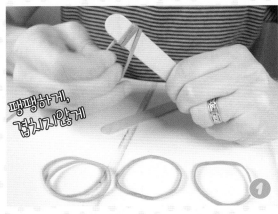

팽팽하게, 겹치지않게

고무줄로 나무 막대기 한쪽 끝을 감습니다. 고무줄이 겹치지 않도록, 평평하게 감아 주세요.

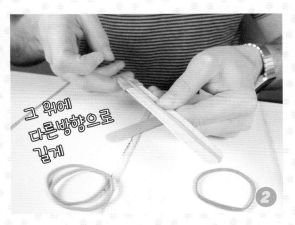

그 위에 다른방향으로 길게

다른 고무줄을 막대기 길이 방향으로 끼우세요.

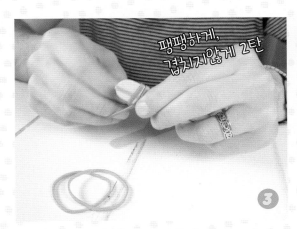

팽팽하게, 겹치지않게 2탄

다른 쪽 끝도 평평하게 감습니다.

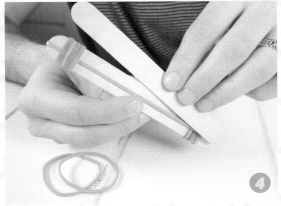

다른 막대기를 위에 포갭니다.

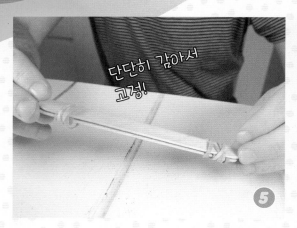

단단히 감아서
고정!

⑤

입에 닿아도 되는
장식으로 꾸며요

⑥

다른 고무줄 2개로 양쪽 끝을 단단히 감아 고정합니다.

장식용 테이프나 스티커로 꾸며 보세요. 입속에 들어갈 수 있으니 페인트칠 된 것은 피하고요.

⑦

하모니카가 완성되었습니다! 막대기 틈으로 불면 어떤 소리가 나나요?

해보세요!

이번에는 하모니카의 길이 쪽을 더 짧은 고무줄로 감아 보세요. 더 팽팽하게 당겨져서 더 강한 텐션을 갖게 되겠죠. 소리가 어떻게 달라질까요?

음악을 연주하는 데 쓸 수 있는 집 안의 다른 물건들로는 무엇이 있을까요?

왜 그럴까요?

악기의 소리는 무언가가 진동하면서 만들어집니다. 이러한 진동이 악기 주변의 공기로, 마치 연못의 파동처럼 퍼져 나갑니다. 이렇게 진동한 음파는 우리의 고막을 울리게 하고, 뇌는 그것을 소리로 인식합니다.

진동하는 물체는 악기마다 다릅니다. 기타 줄일 수도 있고 피아노 건반일 수도 있습니다. 하모니카 그리고 색소폰, 클라리넷과 같은 관악기에서 진동하는 부분은, 입김에 따라 앞뒤로 떨리는 평평한 판입니다.

우리가 만든 하모니카에서는 길이 방향으로 끼운 고무줄이 떨림판 역할을 합니다. 포개진 두 막대기 사이에, 양끝에 감긴 고무줄 때문에 생긴 틈으로 공기가 들어가면 길이로 감은 고무줄이 진동하면서 소리가 나게 됩니다. 엄지손가락과 풀잎 사이로 바람을 불어 소리를 내는 '풀피리'도 같은 원리랍니다.

↗ 풀피리는 엄지손가락 사이에 풀잎을 놓고 틈 사이를 입으로 불어 소리를 냅니다.

아빠의 아는 척!

소리의 높낮이(pitch, 피치)는 진동이 얼마나 빠른지, 즉 초당 몇 번 진동하는지에 따라 달라집니다. 피아노에서 가장 낮은 피치의 줄은 초당 약 16번 진동하는 반면 가장 높은 피치는 약 8,000번 진동합니다.

이러한 진동 속도를 조절하는 몇 가지 요인을 알아볼까요? 하나는 진동하는 물체의 무게입니다. 낮은음을 내는 피아노나 기타 줄은 두껍고 무거우며, 높은음을 내는 줄은 얇습니다.

또한 줄의 팽팽한 정도도 관계가 있습니다. 그래서 기타나 바이올린의 팩(줄 감개)을 감거나 풀면 피치가 변합니다. 줄의 팽팽한 정도를 텐션(tension)이라고 합니다.

← 기타 소리는 현의 진동에 의해 만들어집니다.

14

종이 로켓 발사!

바람 타고 우주를 여행해 볼까요?

얼마나 걸리나요?

15분

무엇을 배우나요?

간단한 로켓을 발사하고, 로켓의 추진력을 알아볼까요.

무엇이 필요한가요?

□ 여러 색깔의 포스트잇

□ 연필 한 자루

□ 구부릴 수 있는 빨대(주름 빨대)

직접 실험해 보아요

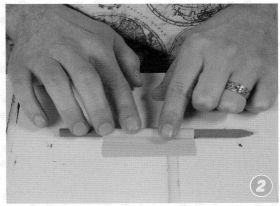

포스트잇을 한 장 떼어서 그 위에 연필을 놓습니다. 포스트잇의 접착 면이 위로 향하도록 하고, 연필은 접착 면 반대쪽 끝에 놓으세요.

포스트잇으로 연필을 감싸 굴려서 튜브가 되도록 하세요, 그리고 끝 부분의 접착 면으로 튜브를 고정합니다.

연필을 빼고, 종이 튜브 한쪽 끝을 구부리세요.

빨대를 'ㄴ' 자로 구부리세요.

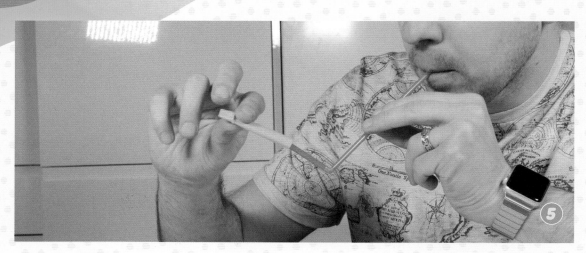

빨대의 짧은 쪽에 종이 튜브를 끼우고...

풋!

독화살... 아니 종이 로켓 발사!!!

이제 한 번에 훅 불어서 발사하세요!

주변에 입김을 불어서 할 수 있는 다른 것들
이 있을까요?

왜 그럴까요?

종이 로켓은 순간적인 입김의 힘으로 발사됩니다. 마치 강풍이 나무를 쓰러뜨리는 것처럼 로켓을 밀어냅니다.

종이 튜브 양쪽이 모두 열려 있으면, 공기가 그냥 통과해 버리겠죠. 하지만 한쪽 끝을 접었기 때문에, 공기가 튜브를 밀어낼 수 있는 거죠.

해보세요!

로켓에 창문을 그리거나 날개를 달거나 앞에 원뿔을 붙여서 장식할 수도 있겠죠.

아빠의 아는 척!

압력을 받은 공기가 갑자기 방출되는 현상은, 풍선을 불다가 갑자기 놓아버릴 때 볼 수 있습니다. 풍선 안의 압축된 공기가 좁은 입구로 갑자기 밀려나오면서 요란한 소리를 내며 날아갈 것입니다.

실제 로켓은 강력한 추진력을 가진 로켓 연료를 사용하여 우주로 발사됩니다. 연료는 여러 종류가 있지만 대부분 쉽게 연소하는 액체나 고체이며, 산소를 공급함으로써 연소가 일어나도록 돕는 물질(산화제)과 섞여 있습니다. 연소할 때는 공기 중에 있는 것과 같은 산소가 엄청나게 많이 필요합니다. 로켓 연료의 이러한 물질들이 섞여서 폭발하고 연소하는 순간, 로켓 뒤에서는 엄청난 가스가 배출됩니다. 이때 풍선의 좁은 입구에서 나오는 공기보다 훨씬 더 세게 로켓을 앞으로 밀어냅니다. 절대로 집에서 해 볼 생각은 하지 마세요!

← 미국 우주왕복선이 이륙하는 순간, 로켓 연료가 연소하면서 뒤쪽 배기구에서 가스가 흘러나옵니다.

15

풍선으로
가방 들기

멋진 파티 풍선을 타고 둥실둥실 날아보아요.

얼마나 걸리나요?

20분

무엇을 배우나요?

부력의 원리와 함께 힘에 대한 기초적인 원리도 알아봅시다.

무엇이 필요한가요?

☐ 충분한 양의 헬륨 풍선

☐ 종이 쇼핑백

직접 실험해 보아요

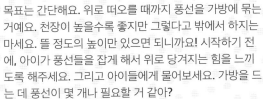

이 가방을 드는 데 풍선이 얼마나 필요할까?

하나씩 하나씩...

1

좀 더 해야 돼요?

2

목표는 간단해요. 위로 떠오를 때까지 풍선을 가방에 묶는 거예요. 천장이 높을수록 좋지만 그렇다고 밖에서 하지는 마세요. 뜰 정도의 높이만 있으면 되니까요! 시작하기 전에, 아이가 풍선들을 잡게 해서 위로 당겨지는 힘을 느끼도록 해주세요. 그리고 아이들에게 물어보세요. 가방을 드는 데 풍선이 몇 개나 필요할 거 같아?

아이가 풍선을 하나씩 가방에 묶게 하면서 그때마다 가방이 뜨는지 지켜보게 하세요.

거의 다 되었지만 아직은...!   아, 뜬다!

가방과 내 몸무게를 재보고, 내가 뜨려면 풍선이 얼마나 더 필요한지 계산할 수 있을까요?
공기 풍선 1개와 헬륨 풍선 1개로 p.46의 '풍선 터트리기' 실험에서 했던 균형 잡기를 해보세요.
어떻게 하면 균형을 잡을 수 있을까요?

해보세요!

부력을 재는 방법이 있을까요? 풍선의 크기가 모두 같다면, 풍선 한 개의 부력은 가방이 막 들어 올려질 때의 풍선 개수로 가방의 무게를 나눈 값입니다(집에 있는 저울로 재보세요). 이러한 계산을 통해 간단한 수식과 함께 과학 실험의 핵심이 되는 측정 방법을 익힐 수 있습니다.

한 개의 풍선으로 '들어 올리는' 무게를 알아내면, 가방 안에 몇몇 가벼운 물건들을 넣었을 때 몇 개의 풍선이 더 필요할지 계산할 수 있겠죠. 늘어난 무게와 균형을 맞추려면 풍선들이 얼마나 더 필요할까요? 계산해 보고 맞는지 한번 해보세요.

이것이 과학 실험의 또 다른 핵심 포인트입니다. 즉, 결과가 어떻게 될지 예측하고, 실험을 통해 이를 확인하는 것이죠.

왜 그럴까요?

여기서 중요한 것은 왜 일반 공기 풍선은 안 뜨고 헬륨 풍선은 뜨는가 하는 것입니다. 한 마디로 헬륨이 공기보다 밀도가 낮기 때문입니다. 그런데 이게 정확히 무슨 뜻이죠?

아주 중요한 점을 기억하세요. 같은 부피(풍선의 내부), 같은 온도, 같은 압력에서 모든 기체는 같은 수의 분자를 가집니다. 공기, 헬륨, 이산화탄소와 같은 기체로 각각 풍선을 채우면 모두 같은 수의 분자가 들어간다는 겁니다. 하지만 헬륨 분자(실제로는 헬륨은 원자 하나가 분자를 이룹니다)는 공기의 대부분인 산소와 질소 분자보다 가볍습니다.

그래도 무게가 전혀 없는 것이 아니므로 중력이 여전히 헬륨을 아래로 끌어당깁니다. 하지만 헬륨은 같은 부피의 공기보다 가볍기 때문에, 중력이 헬륨 풍선보다 더 센 힘으로 공기를 끌어당기겠죠. 말하자면, 공기가 항상 헬륨 풍선보다 '아래'에 있으려 하기 때문에 헬륨 풍선을 위로 밀어 올리게 됩니다. 나뭇가지가 물에 뜨는 것과 정확히 같은 원리입니다. 나무는 같은 부피의 물보다 가벼우니까 물은 당연히 그 아래에 있는 것이죠. 이렇게 공기보다 가볍거나 물보다 가벼운 물체가 위로 밀어 올려지는 힘을 바로 부력이라고 합니다(p.33 참조).

가방을 들어 올리려면 묶여 있는 풍선들의 부력 합이 가방을 끌어당기는 중력(즉, 무게)보다 커야 합니다. 한쪽이 무거우면 기울어지는 양팔 저울에서처럼, 이렇게 가방을 들어 올릴 때는 중력과 부력 간의 균형을 맞추는 것이 중요합니다.

아빠의 아는 척!

열기구를 뜨게 할 때 밀도를 낮추려고 열을 지피는 것을 기억하나요? (p.49 참조) 그런데 공기보다 가벼운 기체를 사용하는 것도 기구를 띄우는 또 다른 방법입니다. 헬륨은 화학적 반응을 일으키지 않기 때문에 사용하기 좋은 기체랍니다. 이를테면 독성이나 부식성, 가연성 같은 성질이 없죠.

초창기 기구에는 수소 기체를 사용하기도 했습니다. 그러나 수소는 가연성이 있기 때문에 풍선 근처에 불꽃이라도 튀게 되면 기구에 불이 나거나 폭발로 이어질 수도 있습니다.

실제로 1937년에 힌덴부르크 비행선에 일어났던 일입니다. 이 거대한 비행선은 승객들을 태우고 유람하던 수소를 이용한 기구였습니다. 미국에 착륙하려고 할 때 전기 장치에서 스파크가 발생한 것으로 추정되는데, 비행선은 순식간에 불길에 휩싸였고 곧바로 추락했습니다. 사고 직후 기구에 수소를 사용하는 것은 완전히 금지되었습니다. 물론 그 뒤로 기구를 이용한 비행선 여행의 시대도 마찬가지로 막을 내렸지요.

← 수소 기체를 사용한 1937년 힌덴부르크 비행선의 화재

16

머리가
자라는 인형

창틀에 놓고 새싹을 틔워 보세요.

얼마나 걸리나요?

30분

무엇을 배우나요?

귀여운 고슴도치를 만들고 식물을 키워볼까요?

무엇이 필요한가요?

☐ 애완동물 가게에서 살 수 있는 톱밥
　한 그릇

☐ PVA 풀 또는 기타 내수성 접착제

☐ 안 신는 스타킹이나 타이츠

☐ 작은 그릇과 큰 접시

☐ 잔디 씨앗 1/4컵

☐ 장난감 눈 2개, 코로 사용할 단추

☐ 유성 매직 또는 아크릴 물감

직접 실험해 보아요

중간을 잘라서

①

스타킹 중간 부분을 약 50cm 길이로 자르세요. 양쪽 끝이 열려 있어야 하거든요.
한쪽 끝을 묶고 매듭 끝에 남은 자투리는 짧게 잘라내세요.

②

+ 잔디 씨앗
+ 톱밥

③

매듭이 안으로 가게 스타킹을 뒤집어서 그림과 같이, 그릇에 씌워 보세요.

스타킹 안에 잔디 씨앗을 먼저 붓고, 위에 톱밥을 부어 줍니다.
그릇에서 스타킹을 꺼내고, 내용물을 꼭 눌러준 다음, 묶어서 자투리는 짧게 정리해 주세요.

위가 씨앗
아래는 톱밥

아... 보인다.

눈부터

매직이나 아크릴 물감으로 수염도 그리고, 풀과 물감이 마르게 잠시 놓아두세요.

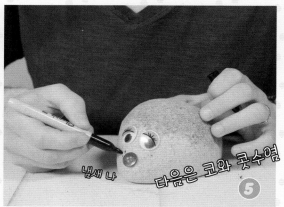

냄새 나

다음은 코와 콧수염

씨앗이 위쪽을 향하게 하고, 이제 고슴도치 얼굴을 만들어 보세요. 내수성 풀로 눈을 만들어 붙이고, 단추로 코를 만들어 보세요.

매직이나 아크릴 물감으로 수염도 그리고, 풀과 물감이 마르게 잠시 놓아두세요.

이게 끝?
잠깐, 귀... 입은?

큰 접시에 고슴도치를 올리고 물을 부어 주세요. 접시를 햇빛 잘 드는 창가에 놓아두세요.

며칠만 지나면 스타킹 사이로 새싹이 올라올 거예요. 매일 물을 주세요! 많이 자라면 단정하게 깎아 주고요.

해보세요!

다른 식물도 이렇게 키워 보세요. 아크릴 물감이나 물에 지워지지 않는 매직으로 예쁘게 꾸며 보세요.

왜 그럴까요?

이 활동을 통해 재미있는 방식으로 식물이 어떻게 자라는지 알 수 있습니다. 씨앗이 싹을 틔우려면 뭐가 필요할까요? 어두운 찬장에서도 자랄까요?

고슴도치를 몇 개 더 만들어서 물과 햇빛을 다르게 했을 때 어떤 것이 제일 잘 자라는지 비교해 보세요.

> 식물이 자라는 데 뭐가 필요하지요? 세 가지를 말해 보세요! 우리 집에서 잔디 고슴도치가 제일 잘 자라는 곳은 어디일까요? 왜일까요?

↗ 지구에서 생명은 태양 에너지를 흡수하는 광합성에서 시작됩니다.

아빠의 아는 척!

우리는 보통 식물이 자라려면 물이 필요하다고 생각하는데, 빛은 또 왜 필요할까요? 바로 거기서 에너지를 얻기 때문입니다. 우리 사람과 같은 동물들은 주로 먹는 것에서 에너지를 얻지만, 식물은 햇빛을 에너지로 사용한답니다. 햇빛을 받으면, 잎에 있는 초록색을 띠는 엽록소라 불리는 화합물이 태양 에너지를 흡수합니다.

식물은 흡수한 태양 에너지를 화학 에너지로 바꾸어 식물의 연료로 사용합니다. 이러한 에너지는 공기 중의 이산화탄소를 성장에 필요한 물질로 바꾸기 위해 사용됩니다. 이것을 광합성이라고 하지요. 이 과정에서 식물은 필요하지 않은 산소 기체를 만들게 되어 밖으로 배출합니다. 공기 중의 산소 대부분이 바로 여기서 발생합니다.

식물은 먹이 사슬의 시작입니다. 우리를 포함한 많은 생물은 식물을 먹이로 하지만 식물은 다른 생물을 잡아먹지 않아도 됩니다. 따라서 식물이 생명의 시작입니다. 식물이 없다면, 지구상에 생명이 존재하지 못할 거예요. (참고로 몇몇 박테리아나 녹조류 같은 생물들도 햇빛에 의한 광합성을 한답니다.)

17

거품을
산 채로 잡아라!

아이가 비눗방울 불면서 쫓아다니는 걸 좋아한다면
이 실험에 환호하게 될 거예요.

얼마나 걸리나요?

10분

무엇을 배우나요?

예쁜 비눗방울을 터트리지 않고 잡을 수 있어요.

무엇이 필요한가요?

☐ 물 100㎖ + 액체 세제 크게 한 방울

☐ 글리세린 1작은술(약국에서 파는 글리세린)

☐ 빨대

☐ 양말이나 면장갑 한 켤레

☐ 빨대(파이프 클리너도 있으면 좋아요.)

직접 실험해 보아요

물 반컵에
+ 액체 세제

한번 꾹!

살살 저어

컵에 물을 반쯤 채우세요. 액체 세제를 한번 꾹 짜서 넣으세요.

글리세린 1작은술을 넣고 부드럽게 저어줍니다.

나도 나도

잡으면 터져

이제 빨대로 찍어서 거품을 불면 됩니다. 아이에게 손으로 거품을 잡으면 터진다는 것을 스스로 확인하게 하세요.

아이 손에 면장갑이나 양말을 끼워 주세요.

면장갑이나 양말에 손을 넣고 거품을 만지면 어떻게 되나요?

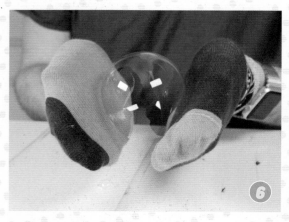

비눗방울로 공놀이를 할 수도 있고, 장갑 낀 손으로 던질 수도 있습니다. 눌러도 잘 터지지 않지요?

철은 물보다 밀도가 높으니까 물에서 가라앉 겠죠?
정말 항상 그럴까요? 작은 강철 클립을 물 위 에 조심조심 띄워 보세요. 표면장력에 의해 뜰 정도로 가벼운가요?

해보세요!

비눗방울을 터트리지 않고 잡는 방법이 또 있습니다. 비눗물을 손에 묻혀서 잡는 거예요. 그러면 손에 묻은 물 위에도 비누 분자로 된 층이 생기게 됩니다. 그래서 비눗방울이 손에 있는 비누 막에 닿으면, 이러한 비누 분자들이 비눗방울 표면에 있는 분자들과 함께 부서지지 않는 피부를 만들게 됩니다. 결국 비눗방울은 손에 있는 막과 합쳐져서 돔 모양의 거품을 만들게 된답니다. 이렇게 비눗물을 적신 손가락은 비눗방울 속으로 찔러 넣어도 터지지 않을 거예요. 손가락 위의 비누 분자들이 거품의 표면이 잘 유지되도록 도와주기 때문입니다.

왜 그럴까요?

비눗방울을 양말로 만지면 왜 터지지 않을까요? 그렇다면 맨손으로 만지면 왜 터질까요? 우선 그것부터 알아볼까요.

풍선을 바늘로 찌르면 터지듯이, 비누 거품도 표면(피부)에 구멍을 내면 터집니다! 거품의 '피부'는 물로 된 막 위의 비누 분자층입니다(p.121 참조). 이 피부는 신축성이 있어서 거품을 더 크게 만들 수도 있습니다. 하지만 이 피부에는 종이와 같은 끄트머리가 없습니다. 그래서 여러분이 거품을 부는 틀이나 어떤 표면에 붙어 있어야만 합니다. 아니면 비누 막이 바로 터지고 맙니다. 파이프 클리너로 고리를 만들고 비눗물에 담가서 고리 안에 비누 막을 만들어 보세요. 그러나 불지는 말고, 파이프 클리너 양끝을 약간 벌려 틈을 만들어 보세요. 비누 막이 같이 늘어나는지, 아니면 터져 버리는지요.

비누 막은 조심스럽게 만지지 않으면 쉽게 터져 버리는데요. 양말의 섬유는 미세한 털로 뒤덮여 있습니다. 그냥 보면 잘 보이지 않지만 돋보기로는 선명하게 볼 수 있습니다. 비눗방울이 양말에 닿으면, 이 작은 털들이 받치고 있어서 섬유의 다른 부분에 닿지 않게 됩니다. 머리빗 위에 있는 풍선과 비슷하겠죠. 양말의 털들이 비누 막을 아주 살짝 찌그러뜨리긴 하겠지만 비누 막은 터지지 않고 잘 견뎌낸답니다.

아빠의 아는 척!

순수한 물의 표면에도 물 분자들이 서로 결합한 일종의 피부가 있습니다. 이렇게 결합한 물 분자들은 '표면장력'을 만들어 냅니다. 컵에 물이 가득 차도 넘치지 않고 볼록하게 솟아오른 상태를 유지하는 것, 그것이 바로 물의 표면장력이랍니다.

이러한 물의 피부 역시, 작은 털에는 깨지지 않습니다.

표면이 미세하게 일그러지긴 하겠지만요. 연못이나 호수에 사는 소금쟁이, 물벌레 같은 곤충들은 말 그대로 물 위를 걷는 특권을 누립니다. 무게가 가볍기도 하지만 그들의 다리가 표면을 깨뜨리지 않는 미세한 털로 뒤덮여 있기 때문입니다. 나무 조각이 단순히 물 위에 떠 있는 것과는 다르게, 이런 곤충들은 물 표면 위에 떠 있는 것입니다. 만약 소금쟁이가 단순히 물 위에 떠 있다면 오히려 위험할 수도 있습니다. 물의 표면장력이 물 표면에 다리를 달라붙게 하는 접착제 역할을 하기 때문입니다. 하지만 실제로는 털로 뒤덮인 다리 덕분에 절대 젖는 일이 없답니다.

← 소금쟁이는 물 위를 걸을 수 있습니다. 다리의 미세한 털들이 물 표면을 깨뜨리지 않고 물에 굴곡을 만들면서 떠 있는 것을 볼 수 있습니다.

18

거품은
나의 방

대왕 비눗방울로 아이를 감쌀 수 있어요.

얼마나 걸리나요?

30분

무엇을 배우나요?

거대한 거품 터널을 만들어 볼까요?

무엇이 필요한가요?

☐ 물 2L

☐ 액체 세제 600ml

☐ 글리세린 1큰술

☐ 섞을 수 있는 큰 그릇

☐ 물놀이용 풀

☐ 훌라후프

직접 실험해 보아요

+ 물
+ 세제

물과 세제를 섞고 글리세린을 넣어 주세요.

+ 글리세린
+ 그리고 하룻밤

잘 저어서 하룻밤 놓아둡니다.

혼합물은 최소한 하루 전에 준비해 주세요. 바람 없는 날에는 실내나 야외 어디서든 할 수 있어요.

바람이 불지 않는지 확인하고 물놀이용 풀에 바람을 넣어 주세요. 거기에 거품 혼합물을 부으세요.

홀라후프를 담가 완전히 적십니다.

이제 홀라후프를 천천히 들어 올리면 거대한 터널 모양의 거품이 딸려 올라올 거예요!

홀라후프가 충분히 커야겠죠?

아이가 들어갈 만큼 큰가요? 잠깐, 거품이 터지면 전부 다 젖을 수도 있어요!

씻을 때 생기는 거품과 여기서 고리로 만드는 거품은 왜 다른가요?

해보세요!

파이프 클리너 2개를 이어 큰 원을 만들고, 끝 부분을 이용해 손잡이를 만드세요. 이제 떠다니는 거대한 거품을 만들 준비가 되었습니다. 거품 혼합물에 깊게 담갔다가 하늘로 천천히 올려보세요. 몇 번 해보면 익숙해져서 깨끗한 거품을 만들 수 있을 거예요.

왜 그럴까요?

비눗물에 섞은 글리세린은 비눗방울이 아무리 커져도 잘 터지지 않게 해줍니다.

← 거대한 거품 표면에 무지개가 보이나요? 그 색깔과 줄무늬를 잘 살펴보세요. 왜 그런 걸까요?

아빠의 아는 척!

우리는 주로 동그란 거품에 익숙한데, 크게 만들면 모양이 다르네요. 왜 그럴까요?

비눗방울 내부의 공기 압력은 방울의 크기에 따라 달라집니다. 좀 더 정확하게 말하면 거품의 곡면에 따라 달라집니다. 거품이 작을수록 곡면의 곡률이 더 커지고 내부 공기 압력도 높아집니다. 반대로 아주 큰 거품의 내부 압력은 외부와 그다지 다르지 않다는 것을 의미합니다. 마치 불다 만 풍선처럼 물렁물렁한 상태가 돼서, 바람과 같은 공기의 흐름만으로도 쉽게 일그러지게 됩니다.

비누 막은 일반적으로 가장 작은 표면적을 가지려고 합니다. 표면을 만들려면 많은 에너지가 필요하기 때문에 에너지를 가장 적게 소모하는 형태를 찾아가는 것입니다. 우리가 만드는 거품 터널같이 두 개의 고리 사이로 연결된 비누 막의 경우, 가장 작은 표면적을 가지려면 곧은 원통이 아니라 허리 부분이 잘록한 모양이어야 합니다. 이런 형태를 '카테노이드(catenoid)'라고 합니다. 바로 이번 활동에서 만드는 울렁거리는 풍선 터널 모양입니다.

↗ 표면적이 가장 적은, 두 개의 고리 사이에 있는 비누 막 모양을 카테노이드(catenoid)라고 합니다.

19

그네 페인팅

간단한 장치로 끝없이 소용돌이치는 그림을 그릴 수 있어요.

얼마나 걸리나요?

40분

무엇을 배우나요?

진자 운동으로 화려한 색색의 무늬 패턴을 만들어 볼까요?

무엇이 필요한가요?

☐ 물감

☐ 약 1.5m 길이의 막대 3개 또는 카메라 삼각대

☐ 약 2m 길이의 끈

☐ 고무줄 몇 개

☐ 클립

☐ 페트병

☐ 비닐 백

☐ 큰 종이 몇 장 (A3나 A2, 롤지)

직접 실험해 보아요

모든 실험 과정은 동영상으로 볼 수 있어요 ▶

먼저 삼각대를 만듭니다. 세 개의 막대를 합쳐 위쪽 끝을 고무줄로 고정하고, 삼각대를 땅에 단단하게 세웁니다.

이제 페인트통을 만들 거예요. 페트병을 반으로 잘라 위쪽을 사용합니다. 잘라낸 가장자리 세 곳에 구멍을 냅니다. 세 구멍에 끈을 하나씩 꿰어 매듭으로 고정하세요. 세 끈의 반대쪽 끄트머리를 합쳐서 하나로 묶어 주세요(2m짜리 끈을 같은 길이의 짧은 끈 3개와 긴 끈 하나로 적당히 잘라서 사용하세요).

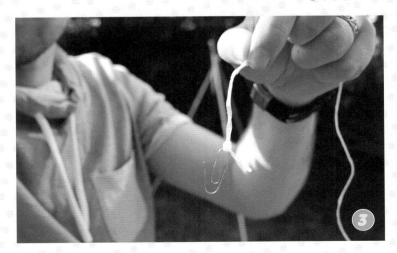

잘라 놓은 긴 끈의 한쪽 끝에 클립을 구부려 묶습니다. 이렇게 만든 고리는 페인트통에 달린 끈과 연결할 때 사용합니다.

긴 끈의 다른 쪽 끝은 삼각대 중앙에 연결합니다.

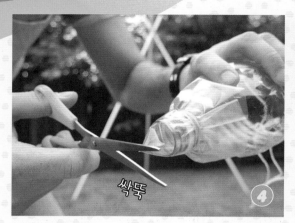

이제 비닐 백 한쪽 모서리를 잘라서 병 입구에 고무줄로 고정합니다. 그리고 비닐 백 맨 끝을 잘라 작은 구멍을 만드세요.

종이를 삼각대 아래에 깔고 각 모서리에 돌을 얹어 고정합니다. 삼각대에 매달린 끈에 있는 클립으로 만든 고리와 페트병 끈을 서로 연결합니다. 병이 바닥에 끌리면 안 되겠죠. 물감에 물을 섞어서 잘 흘러나올 정도로 묽게 만드세요.

페인트통 끝의 구멍을 막고 물감을 부어 주세요. 이제 구멍을 열고 병을 천천히 흔들어 물감이 아래쪽 종이 위에 흐르도록 하세요.

다른 색 물감을 더 넣을 수도 있겠죠.

페인트통의 끈을 더 길게 혹은 더 짧게 하면 그림이 어떻게 달라질까요? 왜 그럴까요?

왜 그럴까요?

삼각대에 매달린 병은 앞뒤로 흔들리는 진자와 같습니다. 진자를 옆으로 약간 돌려주면 괘종시계처럼 그냥 직선으로만 움직이지 않고 타원을 만들며 돌게 됩니다.

이제 물감의 궤적이 얼마나 다양하고 아름다운 패턴을 만드는지 볼 수 있을 거예요.

해보세요!

페인트통에 물감 대신 모래를 넣거나, 몹시 더운 날에 콘크리트나 대리석 같은 돌로 포장된 마당에서 물만 넣고 해보세요. 이때 모래나 물이 일정하게 흐르도록 구멍의 크기를 잘 조절해야 합니다.

아빠의 아는 척!

진자는 과학에서 힘을 연구하는 가장 간단한 기구 중 하나입니다. 일단 운동을 시작하면 움직임은 멈추지 않습니다. 중력은 진자를 최대한 낮은 지점으로 계속해서 끌어내리지만, 진자는 관성(p.17 참조) 때문에 그 지점에서 멈추지 못하고 계속 움직이게 되는 거죠.

진자가 한 번 왔다 가는 시간은 무게와 상관없이 같습니다 (움직임의 범위가 너무 넓지 않다면). 중요한 것은 줄의 길이입니다. 줄이 길수록 왕복 시간은 더 오래 걸립니다. 시계에 추를 사용하는 이유는 왕복 시간이 매우 규칙적이기 때문입니다. 물론 계속 움직이려면 가끔 한 번씩 밀어줘야겠죠.

← 괘종시계의 진자

20

고무줄 협동

아이들이 서로 협력하게 하는 것은 결코 쉬운 일이 아니죠. 그런데 여기 좋은 방법이 하나 있어요.

얼마나 걸리나요?

20분

무엇을 배우나요?

한 팀이 되어 움직여 봅시다. 여러 가지 재료의 특성과 마찰력에 대해 알아볼까요.

무엇이 필요한가요?

☐ 고무줄

☐ 파이프 클리너 4개

☐ 종이컵

직접 실험해 보아요

모든 실험 과정은 동영상으로 볼 수 있어요 ▶

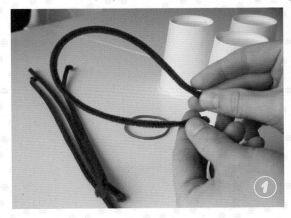

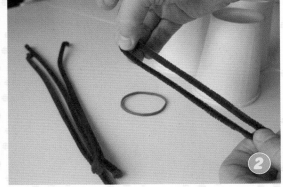

파이프 클리너 4개를 각각 반으로 접어서 고리가 되게 하세요.

4개의 파이프 클리너 고리에 고무줄을 끼웁니다.

꼬아서 고정

④

파이프 클리너를 꼬아서 고무줄에 단단히 고정하면 네 발 달린 거미처럼 되지요?

허...참나! 딱 나따! 형이 떤저!

이건 내 거라다!

⑤

이제 이것을 물건을 집기 위한 도구로 사용할 텐데요. 단, 반드시 팀워크가 필요합니다. 두 사람이 각각 두 개의 다리를 잡아당겨서 물건을 잡을 수 있습니다.

그러지 말고 같이 옮겨볼까?

⑥

종이컵을 뒤집어 놓고 같이 한번 옮겨 볼까요?

⑦

같이 종이컵을 쌓아가면서, 물건을 잡고 놓는 데 필요한 협력의 기술을 개발할 수 있습니다.

이런 식으로 쉽게 집어 올릴 수 있는 물건들이 뭐가 있을까요? 제일 어려운 건 뭘까요?

왜 그럴까요?

이 작업은 아주 단순하지만 의외로 쉽지 않습니다. 아이들은 움직임을 조절하고 다리를 잡아당겨서 고무줄을 늘였다 줄였다 하는 것이 얼마나 힘든지 배우게 됩니다. 동작이 서로 안 맞으면 불가능하거든요!

재료들을 볼까요? 파이프 클리너는 늘어나지 않지요. 고무줄은 어디까지 늘어날까요? 다른 재료들은 어떤지도 이야기해 보세요. 컵에서 고무줄이 미끄러지지 않는 이유를 아나요? 바로 마찰력 때문이에요. 물질의 달라붙는 성질 때문에 표면이 서로 미끄러지지 않는 거죠.

해보세요!

컵으로 높게 탑을 쌓아 보세요. 팀원을 더 늘려서, 한 사람이 다리 하나씩 잡고서 해보세요.

살살 따줄게

↗ 딸기를 상처 내지 않고 잡을 수 있을 정도로 정교한 로봇 손을 만드는 것은 매우 어려운 일입니다!

아빠의 아는 척!

이런 행동은 우리가 늘 하는 자연스러운 동작들입니다. 두 살배기 아이도 물체를 잡고 옮기기 위해 도구를 조절하는 감각을 지니고 있습니다. 하지만 정교하게 물체를 잡는 것은 로봇공학에서 중요한 과제입니다.

우리는 달걀을 집을 때, 손끝에서 느끼는 감각을 통해 얼마나 힘을 주어야 하는지 알려주는 정교한 피드백 과정을 수행합니다. 힘주기를 너무 일찍 멈추면 손끝에 마찰력이 부족해서 달걀이 미끄러져 버리죠. 또 너무 강하게 잡으면 깨지고요. 로봇 손이나 집게(무엇을 집는 도구) 역시 섬세한 물체를 잡을 수 있으려면 그런 동작을 제어하는 '피드백 조절' 기능이 있어야 합니다. 현재 로봇 공학에서 사용하는 다른 방법은 집게 전체를 유연하고 부드러운 고무 재질로 만드는 것입니다. 모양이 자유자재로 변하는 작은 고무풍선이라면 깨지기 쉬운 물체를 다루기가 더 쉽겠죠.

21

냄새로
알아맞히기

냄새로만 음식을 구별할 수 있을까요?

얼마나 걸리나요?

20분

무엇을 배우나요?

코가 어찌나 민감한지!

무엇이 필요한가요?

☐ 집에 있는 다양한 음식
　　(과일, 빵, 초콜릿, 마늘 등)

☐ 눈가리개

직접 실험해 보아요

모든 실험 과정은 동영상으로 볼 수 있어요 ▶

테스트할 음식들을 준비하세요.

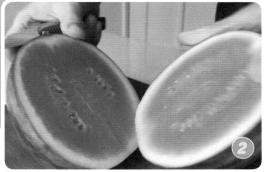

냄새를 풍겨야 하니까 과일들을 잘라 주세요.

이게 뭐라고 긴장되지?

눈가리개로 아이 눈을 가립니다.

맞추면
입에 넣어줘요?

쿵쿵...
흠...이건... 대항종을
개량한 국내 재배 품종의
80%를 차지한다는 흔한
설향종 딸기군요. 당도는
12.5브릭스...
봄 평균 수확종보다 2.5
브릭스나 높네요.

음식을 하나씩 아이 코 밑에 대서, 아이에게 어떤 냄새가 나는지, 향이
좋은지 말해 달라고 하세요. 아이가 음식을 알아맞히나요?

여러분의 코는 위험한 냄새나
상한 음식들을 잘 구별할 수 있
나요?

이제 눈으로 직접 확인하고요. 맛있게 냠냠!

왜 그럴까요?

향기는 냄새 나는 물질에서 나온 기체 분자가 우리의 코로 들어가는 것입니다. 그리고 코 바로 위에 있는 '후각 망울'에 의해 감지되는데, 후각 망울은 우리의 눈 바로 뒤에 있는 뇌의 기관입니다.

냄새 분자를 어떻게 감지하여 그 냄새를 느끼는지 아직은 정확히 밝혀지지 않았습니다. 하지만 이 실험에서 보듯이, 우리의 후각은 매우 뛰어납니다.

해보세요!

우리의 후각은 미각과도 밀접한 관련이 있습니다. 직접 해보면 알 수 있어요. 아이 눈을 가리고 코는 살짝 막고, 오로지 입에서 느끼는 맛으로 음식을 알아맞혀 보게 하세요. 아이들이 잘 맞히나요?

아빠의 아는 척!

레몬과 오렌지 같은 감귤의 싸한 맛은 껍질에서 나오는 '리모넨'이라는 기름 성분 때문입니다. 음식의 향을 돋우거나, 로션이나 손 세정제 또는 향수에 사용하기도 합니다.

리모넨 분자한테는 쌍둥이처럼 똑같이 생긴 사촌이 있는데요, 그 둘은 장갑의 왼손과 오른손이 다르듯이 같지만 다른 모양입니다. 그리고 나머지 모든 것은 똑같습니다. 그러나 그 사소한 모양의 차이 때문에 완전히 다른 향기를 냅니다. '왼손잡이 리모넨'은 감귤향이 아니라 테레빈유 같은 소나무향을 냅니다. 냄새 분자들의 이런 미묘한 차이를 후각 망울이 어떻게 그렇게 민감하게 알아채는지는 여전히 미스터리랍니다.

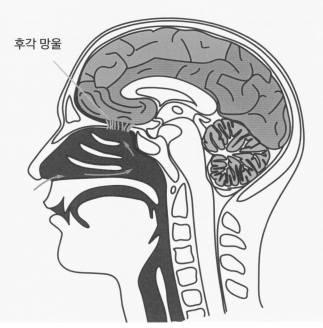

후각 망울

22

자석
낚시 놀이

재미난 낚시 모자로 누가 제일 많이 잡을까요?

얼마나 걸리나요?
30분

무엇을 배우나요?
나만의 게임 만들기!

무엇이 필요한가요?

□ 접착테이프

□ (여러 색깔의) 클립

□ 작은 자석

□ 파이프 클리너

□ 작은 악어 클립(또는 빨래집게)

□ 챙 달린 모자

□ 작은 그릇이나 병

직접 실험해 보아요

모든 실험 과정은 동영상으로 볼 수 있어요 ▶

네오디움 자석

파이프 클리너 한쪽 끝을 구부려서 자석을 끼울 작은 고리를 만듭니다.

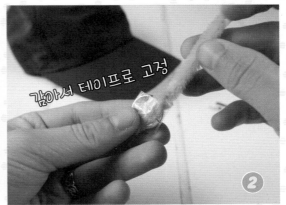

감아서 테이프로 고정

자석을 끼우고 파이프 클리너를 꼬아 접착테이프로 붙여줍니다.

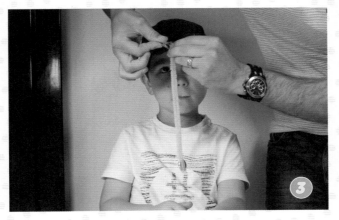

아이를 앉히고 모자를 씌웁니다. 파이프 클리너의 반대쪽 끝에 악어 클립을 끼우고 모자챙에 잘 꽂아 주세요. '자석 낚싯줄'이 아이 눈앞에 대롱대롱 매달려 있지요?

클립들을 탁자 위에 뿌려 놓습니다.

이제 아이가 머리만 움직여서 클립을 낚시질하게 합니다.

잡은 클립들은 그릇에 모으고요.

클립을 여러 가지 색으로 해서 그중 한 가지 색깔만 들어 올리게 하면 더 재밌겠죠?

해보세요!

이제 게임을 하는 방법을 알았으니, 자신만의 규칙을 만들어 봅시다.

누가 자신의 색으로 정해진 클립을 가장 빨리 모두 모을 수 있는지?
누가 모든 색깔의 클립을 각각 하나씩만 가장 빨리 모을 수 있는지?
이때는 같은 색깔의 클립 두 개가 딸려왔다면, 다시 처음부터 시작해야 하겠죠?

어떤 규칙을 정하든 간에, 아마 즐거운 놀이가 될 거예요.

왜 그럴까요?

이 자석 놀이는 탁월한 조정 능력을 요구합니다. 아이들은 머리를 이리저리 움직이고 끄덕거려야 하는 이런 놀이를 아주 좋아할 겁니다.

이번 놀이의 도전 과제는 손이 아니라 머리를 쓰는 것입니다. 손을 사용하는 것은 능숙하지만 머리를 움직이는 것은 훨씬 까다롭습니다! 손은 일상생활에서 섬세한 일을 하는 데 주로 사용하므로, 미세한 운동 기술, 즉 정교하게 근육을 통제하는 능력을 개발하는 데 훨씬 더 많은 연습을 했기 때문입니다.

주변에서 자석을 사용하는 물건이 얼마나 있을까요? 왜 자석을 사용하나요?

아빠의 아는 척!

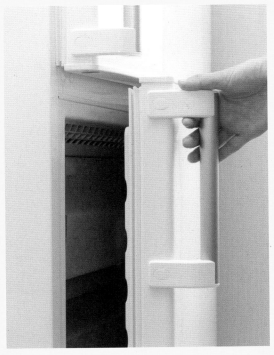

일상생활에서 자석이 어디에 사용되냐고요? 주변에 얼마나 많은 자석이 있는지 알면 놀랄 거예요. 옷이나 가방의 단추 중에도 있고, 문의 잠금장치나 핀 홀더에도 있을 수 있습니다. 전기 모터(믹서기나 진공청소기)와 컴퓨터와 같이 안 보이는 곳에도 자석이 있답니다.

여러분 집에는 아마 냉장고 문에 그림이나 메모지를 붙이는 자석 클립들이 있을 거예요. 하지만 냉장고 문에도 자석이 있다는 건 알고 있나요? 냉장고의 고무 자석은 냉장고 문을 확실하게 닫혀 있게 함으로써 온기가 들어오지 못하게 합니다.

← 냉장고 문의 밀폐 고무 자석은 냉장고가 확실하게 닫혀 있도록 해 줍니다.

MESSY

신나게
어지럽히는
놀이

아빠와 놀이실험실

23

빨대 스프링클러

무더운 여름에 딱 알맞은 난장판 실험을 해 볼까요?

얼마나 걸리나요?

15분

무엇을 배우나요?

사물이 회전할 때는 바깥쪽으로 밀어내는 힘이 작용합니다.

무엇이 필요한가요?

- ☐ 물 한 컵
- ☐ 빨대
- ☐ 나무 꼬치
- ☐ 접착테이프와 가위

직접 실험해 보아요

자르지 않고 칼집만

| ① | ② |

나무 꼬치로 빨대 중간을 찔러 통과시킵니다.

꼬치로부터 약 3cm 지점 빨대에 가위집을 내서 빨대를 구부려 보세요. 완전히 자르지 않도록 조심하세요.

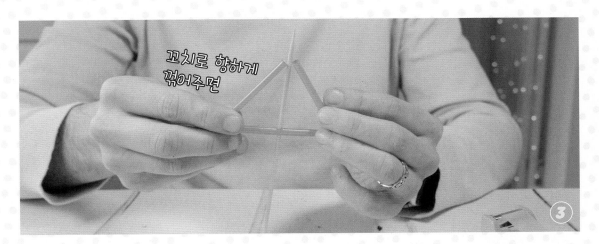

꼬치로 향하게 꺾어주면

③

빨대 반대쪽도 똑같이 해서 양쪽 끝을 위로 접습니다.

④

구부린 양쪽 끝을 나무 꼬치와 함께 접착테이프로 고정하는데 빨대 끝은 열려 있어야 해요. 빨대가 삼각형 모양의 스프링클러가 됐나요?

두 모서리는 물 밖에

꼬치쪽 모서리는 물속에

⑤

이제 스프링클러의 열린 호스를 아래로 가게 해서 물에 담그세요: 삼각형의 끝은 물속에 잠기고 다른 두 모서리는 물 밖에 있어야 합니다. 이제 나무 꼬치를 손가락으로 돌려 물이 나오는지 살펴보세요.

해보세요!

물이 채워진 양동이가 회전할 때 물은 용기 때문에 밖으로 빠져나가지 못합니다. 밧줄에 양동이를 매달아 돌리게 되면, 양동이가 기울거나 거의 옆으로 누워서 회전하더라도 그 안의 물은 쏟아지지 않습니다! 회전 속도가 빠르면 물을 바깥으로 밀어내는 원심력이 중력으로 흘러내리는 물을 막아내고 있기 때문입니다.

왜 그럴까요?

스프링클러를 돌리면, 스프링클러 아래로 들어온 물이 빨대의 경사면으로 밀어 올려져서 양쪽 모서리의 가위집으로 튕겨 나갑니다.

물을 올라가게 만든 힘을 바로 원심력이라고 합니다. '원심력'이라는 말은 '중심으로부터 달아나다'라는 뜻입니다. '해머던지기'라는 스포츠도 이 힘을 이용한 것입니다. 강철로 된 줄에 붙어 있던 망치는 여러 번 돌려지다가 손을 놓으면 원심력에 의해 바깥으로 날아가게 됩니다.

집에서도 원심력을 사용하는 장치가 있을까요?

↗   운동 경기에서도 원심력을 사용합니다.

아빠의 아는 척!

어떤 축을 중심으로 회전하는 물체는 원심력 때문에 바깥쪽으로 도망치려고 합니다. 피겨스케이팅 선수나 무용수가 회전할 때 치마가 날아오르듯이 넓게 퍼지는 것도 같은 원리랍니다.

농작물에 설치된 회전식 스프링클러 역시 원심력 덕분에 멀리 그리고 넓게 물을 공급할 수 있습니다.

← 플라멩코 춤은 원심력을 이용한 예술입니다.

24

밀가루 분화구

달의 반점은 어떻게 만들어졌을까요?

얼마나 걸리나요?

15분

무엇을 배우나요?

달에 있는 것과 같은 분화구를 만들어 볼까요? (물론, 분화구는 지구에도 있답니다.)

무엇이 필요한가요?

☐ 밀가루 약 0.5kg(다른 곡물가루도 상관 없음)

☐ 코코아 가루 약 50g

☐ 케이크 장식용 스프링클(작은 초콜릿이나 사탕)

☐ 다양한 크기의 자갈

☐ 테두리가 높은 제빵용 트레이

☐ 숟가락

☐ 체

직접 실험해 보아요

2cm 높이로
부어주고

숟가락으로
평평하게

제빵 트레이에 밀가루를 2cm 높이로 부어서 숟가락으로
대충 평평하게 하세요.

알록달록 스프링클을
뿌려서

밀가루 위에 케이크 장식용 스프링클을 골고루 뿌리세요.

그 위에 코코아 가루 뿌리기

밀가루와 스프링클 위에 코코아 가루를 체에 받쳐 얇게 덮으세요.

얼굴 높이에서 시도

이제 얼굴 높이에서 자갈을 하나씩 트레이에 떨어뜨립니다.

자갈을 치워 보세요. 흩어진 '토양'과 '바위' 사이로 분화구가 생겼나요?

해보세요!

자갈을 다른 높이에서도 떨어뜨려 보고, 다른 각도에서도 던져 보세요.

제각기 크기가 다른 자갈이 만든 분화구를 비교해 보면 어떤가요?

어떻게 하면 작은 운석이 큰 분화구를 만들 수 있을까요? 만약 정육면체 모양의 커다란 운석이 달에 충돌한다면 어떤 모양의 분화구가 생길까요? 운석의 모양이 분화구의 모양을 결정하는 걸까요?

왜 그럴까요?

특별히 이상할 게 없어 보입니다. 그런데 밀가루가 액체처럼 물보라를 일으킨다는 건 좀 신기하죠. 지금 우리가 만든 분화구는, 운석이 지구나 달 같은 단단한 행성에 떨어졌을 때 생긴 분화구와 어느 정도 비슷합니다.

그러한 충돌은 엄청난 에너지 때문에 실제로 바위가 녹아서 액체처럼 분출되기도 합니다. 오래전 운석의 충돌로 녹아서 분출된 파편들은 다시 암석으로 굳어졌고, 전 세계에 흩어져 발견되고 있습니다. 이것을 텍타이트(tektite, 유리질 운석)라 부르며, 마치 얼어붙은 검은 눈물방울처럼 보입니다. 이번 실험에서 사방으로 멀리 흩어진 스프링클처럼, 운석에 의한 파편들은 충돌한 곳으로부터 수백 킬로미터 떨어진 곳까지 날아가기도 합니다.

↗   텍타이트(위)는 5만 년 전에 생성된 것으로 추정되는 애리조나의 분화구(아래)에서와 같이, 거대한 운석 충돌에 의해 멀리 튕겨 나간 유리와 같은 재질의 암석 덩어리입니다.

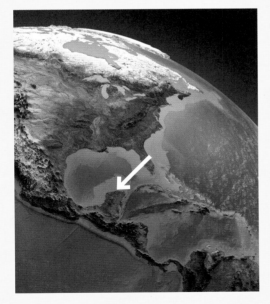

↗   지도에 표시한 곳은 6천6백만 년 전, 공룡 멸종의 원인으로 추정되는 거대한 운석이 충돌한 곳입니다. 당시의 대륙들은 지금과는 다른 모습이었습니다.

아빠의 아는 척!

대부분의 과학자는 약 6천6백만 년 전에 지구에 충돌한 거대한 운석이 환경과 기후에 엄청난 변화를 일으켰고, 그 때문에 공룡이 멸종했을 것으로 생각합니다. 충돌할 때의 열이 아마도 거대한 산불을 일으키고 대기를 뒤덮은 재가 햇빛을 차단했기 때문에, 식물도 자라지 못하고 지구는 엄청나게 추워졌다는 것입니다(하지만 이것이 공룡이 멸종한 직접적인 원인인지는 아직 확실하지 않습니다).

1980년에 이러한 가설이 발표되고 나서, 10년 후 과학자들은 충돌 장소라고 추정되는 곳을 발견했습니다. 멕시코 유카탄반도 칙술루브 분화구인데, 이후에 생성된 암석 밑에 묻혀 있었고 분화구 중 일부는 해저에 있으며 지름은 약 150km에 달합니다. 그동안 지질학자들이 이렇게 거대한 구덩이를 발견하지 못한 것은 해저에 묻혀 있었기 때문입니다. 이 분화구를 만든 운석의 지름은 약 10km로 추정됩니다.

25

거품 그림

거품이 만들어 내는 황홀한 무늬를 감상해 볼까요?

얼마나 걸리나요?

25분

무엇을 배우나요?

거품 방울은 독특하고 아름답습니다.

무엇이 필요한가요?

- ☐ 식용 색소
- ☐ 액체 세제
- ☐ 물
- ☐ 빨대
- ☐ 큰 플라스틱 컵(색깔 수만큼)
- ☐ 흰 도화지

직접 실험해 보아요

페인트가 튈 수 있으니 테이블 깔개를 준비하세요. 세 개
의 컵에 액체 세제를 각각 1cm 정도 붓습니다.

각 컵에 약간의 물을 넣습니다.

각 컵에 식용 색소를 충분히 짜 넣고 빨대로 잘 섞어 줍니다.

거품생성

먹는모습
아니에요~~

컵을 나란히 놓고, 거품이 넘치도록 빨대를 불어 보세요.

거품 탁본

빨대를 빼고, 도화지를 컵 위에 가볍게 올려서 거품이 닿
도록 하세요.

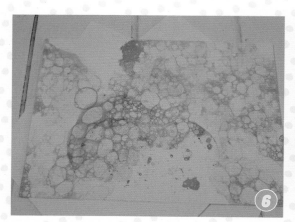

이제 도화지에 찍힌 거품 무늬를 확인하고, 도화지의 다른
부분에도 반복합니다.

컵을 기울이고
입으로 불어서

또는 도화지를 밑에 깔고 컵을 기울인 상태에서 입으로 거
품을 불어서 떨어지도록 할 수도 있어요.

내가 그린 거품 그림에서 어떤 무늬나 패턴을 볼 수 있나요?

왜 그럴까요?

거품은 물로 된 매우 얇은 층입니다. 거품이 터지지 않게 하는 것은 세정제, 즉 비누입니다.

비누 분자는 군중 속에 서 있는 사람들처럼 꽉 채워진 상태로 물 표면에 떠 있습니다. 이러한 비누 분자들은 얇은 물의 막 양면에 일종의 '피부'를 만듭니다. 물에 색소를 넣으면, 색소는 이 얇은 막에 모이고 도화지와 닿는 곳에 흔적을 남기게 되는 거죠.

해보세요!

거품 그림으로 여러분의 걸작을 만들어 보세요. 거품 그림 위에 연필이나 펜으로 괴물, 곤충, 방이 많은 집을 꾸밀 수도 있겠죠. 또 좋아하는 사람한테 보낼 카드도 만들어 보세요.

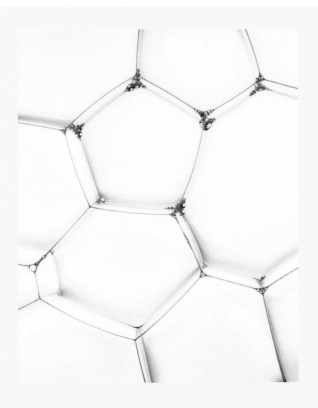

↗ 거품 막은 딱 세 개씩만 합쳐집니다.

아빠의 아는 척!

거품이 만든 무늬를 아이와 같이 자세히 살펴보세요. 거품이 겹치거나 서로 교차하는 곳이 어떻게 생겼나요?

혹시 거품이 4개 이상 만나는 곳을 찾았나요? 아마 찾기 어려울 거예요. 보통 거품들이 만나는 모든 교차점은 세 갈래입니다. 메르세데스 벤츠(자동차 회사) 심볼이 이와 비슷합니다. 이는 거품의 가장 큰 특징으로, 거품은 세 개가 결합한 형태를 이룹니다. 어쩌다 4개의 거품이 모인다 해도 즉시 3개를 만들도록 저절로 재배열될 겁니다. 이러한 형태가 거품이 느끼는 가장 안정적인 상태이기 때문입니다.

26

슬라임 놀이

세상에서 가장 괴상하고 희한한 것들을 만들어 볼까요.

얼마나 걸리나요?

25분

무엇을 배우나요?

만질 때마다 액체도 되고 고체도 되는 이상한 물질

무엇이 필요한가요?

☐ 옥수수 전분 2컵

☐ 물 한 컵

☐ 큰 그릇

직접 실험해 보아요

모든 실험 과정은 동영상으로 볼 수 있어요 ▶

큰 그릇에 옥수수 전분과 물을 섞으
세요.
색깔 있는 우블렉을 만들고 싶다면
식용 색소도 넣어 주세요.

(이러한 슬러시 혼합물을 보통 우블렉
(oobleck)이라고 불러요.)

물의 양을 조금씩 조절하면서 손으
로 반죽해 보세요. 처음부터 물을
너무 많이 넣지 말고요.

우블렉 한 움큼을 잡아서 돌돌 말아 손안에 꼭 쥐게 되면, 퍼티나 점토처럼 뭉칩니다.

하지만 손을 풀면 다시 액체로 변해서 손가락 사이로 흘러 내릴 거예요.

우블렉을 손가락으로 푹 찔러 보세요: 고무처럼 눌러지고 손에 묻지도 않습니다. 그런데 손가락을 천천히 넣으면 마치 액체 같은 느낌이 날 거예요.

아이들이 충분히 갖고 놀게 하세요! 좀 지저분하면 어때요.

해보세요!

큰 앰프 위에 우블렉이 든 접시를 올려서 큰 소리가 날 때 어떻게 되는지 관찰해 보세요.

우블렉 수영장에 다이빙하면 어떻게 될까요? 수영할 수 있을까요?

왜 그럴까요?

우블렉은 팽창성 액체(dilatant)의 한 종류인 '전단농화유체(shear thickening liquid)'입니다. 전단농화유체는 우리가 휘젓거나 충격을 가하면 굳어지고 점성이 더 높아집니다. 혼합물 안의 작은 알갱이, 즉 옥수수 전분 때문인데요. 손으로 꽉 쥐면 서로 단단히 밀착되지만, 천천히 쥐게 되면 알갱이들이 서로 떨어질 수 있는 충분한 시간이 주어지게 되어 액체처럼 흘러내립니다. 반면에 빠르게 쥐면 딱딱하게 엉키게 되어 흘러내리지 않습니다. 마치 인파 속을 뚫고 가는 것과 같아요. 그 속으로 뛰어 들어가게 되면 사람들과 부딪쳐 튕겨 나오겠죠. 사람들이 미처 길을 터줄 시간이 없기 때문이에요.

이런 혼합물은 꽤 오래전부터 만들어졌습니다. 옥수수 전분이 든 커스터드용 분말로는 맛있는 우블렉을 만들 수도 있겠죠. 지금도 과학자들은 알갱이의 운동이 어떻게 이러한 현상을 일으키는지 계속 연구하고 있습니다.

©gettyimages 제공

← 2011년, 뉴질랜드 크라이스트처치에서 지진이 발생하여 토양 액상화가 일어난 결과입니다.

아빠의 아는 척!

우블렉 같은 것을 '비뉴턴 유체'라고 합니다. 일반적인 액체의 흐름을 연구한 '아이작 뉴턴'의 이름에서 따온 것입니다. 뉴턴은 일반적인 액체(뉴턴 유체)는 흐를 때 같은 점성을 유지하기 때문에 더 걸쭉해지거나 연해지지 않는다는 것을 발견했습니다. 물이 바로 그렇습니다.

그러나 뉴턴이 연구한 것과 다른 비뉴턴 유체는 저어서 흐르게 만들면 점성이 변하게 됩니다. 꿀, 토마토소스 같은 것들은 흐를수록 연해지고 점성은 더 작아집니다.

하지만 반대로 우블랙은 더 빨리 흐르게 할수록 걸쭉해지고 점성이 커집니다.

이러한 점성의 변화는 아주 중요할 때가 있습니다. 어떤 모래 토양은 비뉴턴 유체처럼 행동할 때 문제가 될 수 있습니다. 평소에 고체로 단단하게 뭉쳐 있던 알갱이들이 진동이 발생했을 때 액체처럼 흘러내리게 됩니다. 이것을 액상화 현상(liquefaction)이라고 하는데, 지진이 났을 때 견고해야 할 건물의 기초 부분에 갑자기 진동이 가해져서 위험해질 수도 있답니다.

27

피타고라스의 요술 컵

가득 차면 알아서 비워집니다.

얼마나 걸리나요?

25분

무엇을 배우나요?

사이펀(siphon)으로 물을 끌어올릴 수 있어요.

무엇이 필요한가요?

☐ 색소 넣은 물

☐ 블루택(점토접착제)

☐ 투명한 일회용 플라스틱 컵

☐ 구부릴 수 있는 빨대(주름 빨대)

☐ 물 받아낼 병

☐ 색소 넣은 물을 담을 물통이나 유리병

직접 실험해 보아요

모든 실험 과정은 동영상으로 볼 수 있어요 ▶

플라스틱 컵 바닥에 공작용 칼로 구멍을 내세요. 빨대를
밀어낼 수 있을 만한 크기로요.

컵 위쪽에서 빨대를 구멍에 끼웁니다. 빨대 주름을 완전히
접어서 빨대 입구가 컵 바닥에 닿을 때까지 내려 줍니다.

점토접착제로 바깥쪽에서 구멍을 밀봉하세요. 그럼 빨대도 같이
고정되겠죠.

이제 그 컵을 병이나 비커 위에 얹으세요. 빨대는 병 안으로 들어가게 되겠죠.

이제 위에 얹은 컵에 색소 넣은 물을 부으세요.

구부러진 빨대 꼭대기까지 물이 차오르면, 물은 빨대 입구를 타고 올라가 아래 병 속으로 떨어지게 됩니다.

아마 바닥에 닿아 있는 빨대 입구를 통해서 위에 있는 물이 전부 다 빨려 내려갈 거예요.

왜 그럴까요?

우리가 만든 것을 '사이펀(siphon)'이라고 불러요. 컵 안의 물이 구부러진 빨대의 꼭대기까지 차오르게 되면, 물은 빨대 안으로 빨려 들어가서 빨대의 주름진 굴곡을 지나 아래로 흘러내리게 됩니다. 일단 물이 빨려 들어가기 시작하면 멈추지 않고 계속 흐르게 되는데요. 중력이 빨대 안의 물줄기를 아래로 끌어당기면 물이 떨어지면서 더 많은 물을 끌어당기기 때문에, 위에 있던 물이 빨대를 타고 계속해서 올라가게 만듭니다. 이 물줄기가 끊어지지 않는 이유는 물 분자가 서로 결합되어 있기 때문인데요. 마치 빨대를 통해 아래에서 끌어당기는 쇠사슬 같은 거죠.

공기의 압력 역시 컵의 물을 아래로 밀어내는 데 도움이 됩니다(p.159 참조). 하지만 꼭 필요한 것은 아닙니다. 공기압이 낮아진 상태거나 아예 진공 상태에서도 사이펀은 작동할 수 있거든요.

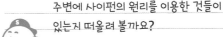

주변에 사이펀의 원리를 이용한 것들이 있는지 떠올려 볼까요?

아빠의 아는 척!

사이펀을 이용한 컵은 고대 그리스 철학자 피타고라스에 의해 발명되었다고 합니다. 피타고라스는 제자들에게 와인을 줄 때, 다른 사람보다 더 먹으려고 욕심을 내는 사람에게는 '탐욕의 컵(Greedy Cup)'을 주었다는 거예요. 욕심을 부리는 순간 와인이 사라져 버리겠죠.

탐욕의 컵은 우리가 방금 만든 것처럼, 컵 가운데에 높이 솟은 구조물 속에 빨대처럼 구부러진 통로를 숨긴 것입니다. 여기를 통해 와인이 아래로 흐르게 되고요. 컵을 너무 많이 채우면 사이펀이 작동하고 와인은 모두 아래로 흘러 버리겠죠. 지금도 그리스에 가면 기념품으로 살 수 있다고 하네요.

해보세요!

물을 위로 끌어올리는 다른 방법도 있습니다.

컵 5개를 나란히 세워 놓고 1, 3, 5번째 컵에 각각 파란색, 노란색, 빨간색 물을 채우고, 2, 4번째 컵은 비워 둡니다. 이제 키친타월을 길게 접어서 다섯 개의 컵 사이에 각각 걸쳐 연결하세요. 이때 컵 안에 걸쳐진 타월이 물에 담가지도록 길게 늘어뜨려야 되고요.

약 30분 후에는 어떻게 될까요? 컵에 물의 양들을 표시한 다음, 시간이 지나면 물의 높이가 어떻게 달라지는지 비교해 보세요.

28

공룡
화석 알

단단한 껍질로부터 아기 공룡을 구출해 볼까요?

얼마나 걸리나요?

45분

무엇을 배우나요?

드디어 공룡 차례가 왔습니다. 공룡 화석과 함께, 동물들이 새끼를 낳는 방식에 대해서도 알아볼까요?

무엇이 필요한가요?

☐ 장난감 플라스틱 공룡
  (너무 크지 않은 것)

☐ 풍선

☐ 망치

☐ 보안경

직접 실험해 보아요

모든 실험 과정은 동영상으로 볼 수 있어요 ▶

풍선이 찢어지지 않게 주의해서

풍선에 물을 채워요

풍선으로 공룡을 잘 씌워 보세요. 풍선이 공룡 뿔이나 등뼈에 찢어지지 않도록 살살 하세요. 풍선에 맞는 작은 공룡들로 해야 더 쉽겠죠.

풍선을 한 번 불었다가 다시 바람을 빼면 풍선이 좀 더 유연해질 거예요.
풍선의 입구를 수도꼭지에 씌워서 물을 채우고 나서 묶어 주세요.

한 번에 여러 개의 알을 만들어 두면 좋겠죠! 풍선을 냉동실에 하룻밤 넣어 둡니다.

완전히 얼어붙은 '알'을 꺼내서 풍선 껍질을 벗겨 냅니다.

먼저 반드시 보안경을 착용하세요. 이제 망치로 조심스럽게 얼음을 깨고 공룡을 구출해 주세요. 잠깐! 야외에서 하는 게 안전하겠죠.

공룡 알은 동그란 공 모양부터 길쭉한 타원 모양, 새의 알처럼 한쪽이 뾰족한 모양, 양쪽 끝이 대칭인 모양까지 다양합니다. 지금까지 발견된 가장 작은 공룡 알은 달걀보다 작은 반면, 가장 큰 알은 지름이 약 60cm나 됩니다.
혹시 더 큰 알을 낳는 동물을 알고 있나요?

왜 그럴까요?

물론 공룡 알은 그렇게 단단하지 않았어요. 파충류에 속하는 공룡은 노른자가 있는 큰 알을 낳는답니다. 거기서 새끼가 부화하고요. 물론 지금까지 발견된 공룡 알들은 화석화되어 이미 돌로 변한 것이지만요.

파충류, 새, 곤충과 같이 알을 낳는 동물과 인간처럼 새끼를 낳는 포유동물에 대해 이야기해 보세요.

해보세요!

물감이나 반짝이 같은 재료나 꽃, 나뭇잎 등으로 꾸며서 마법에 걸린 알을 만들어 보세요.

그리고 망치 대신 따뜻한 물로 얼음을 녹일 수도 있겠죠?

아빠의 아는 척!

수많은 공룡 알 화석들이 발견되었고, 아기 공룡이 들어 있는 것도 있습니다. 크기는 보통 25cm 정도인데요, 생각보다 크지 않죠? 이 정도 크기라면 가장 크다고 알려진 코끼리새(마다가스카르에서 1,000년 전에 멸종한 타조처럼 생긴 새)의 알보다도 작습니다.

그런데 새들도 알을 낳습니다. 공룡의 후손이기 때문입니다. '시조새(Archaeopteryx)'라는 공룡은 약 1억 2천5백만 년 전에 살았던 최초의 날개 달린 공룡입니다. 하지만 먼 거리를 날지는 못하고 짧은 도약만 가능했습니다. 당시의 하늘은 프테로닥틸루스(Pterodactylus)나 프테라노돈(Pteranodon) 같은 생명체들의 세상이었습니다. 이들과 함께 '날개 달린(ptera)' 공룡이란 뜻을 지닌 익룡(Pterosaurs)은 엄연히 따지자면 사실 공룡이 아니라, 날아다니는 파충류였습니다.

↗   약 8천만 년 전에 살았던 하드로사우루스의 화석 알들

29

물의 비밀

실 따라 흐르는 물이라 ….

얼마나 걸리나요?

15분

무엇을 배우나요?

물을 길 따라 붓는 법을 알아볼까요?

무엇이 필요한가요?

- ☐ 물을 흡수할 수 있는 약 45cm 길이의 털실(플라스틱 실은 사용할 수 없습니다.)
- ☐ 투명 플라스틱 컵 또는 비커 2개
- ☐ 식용 색소(있으면 좋아요.)
- ☐ 접착테이프
- ☐ 물

직접 실험해 보아요

모든 실험 과정은 동영상으로 볼 수 있어요 ▶

우선 실을 통째로 물에 담가 적십니다.

물이 들어있지 않은 두개의 컵

실의 양끝을 두 컵에 각각 넣으세요.

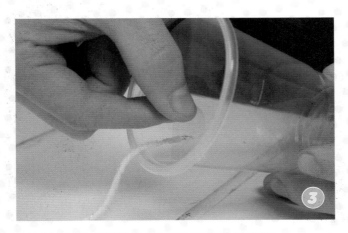

컵의 입구 바로 안쪽에 실 끝을 각각 테이프로 붙이세요.

한 쪽 컵에만
물을 넣고 색소를 넣어주세요
④

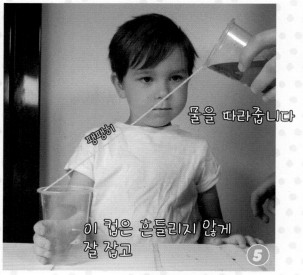

팽팽히

물을 따라줍니다

이 컵은 흔들리지 않게
잘 잡고
⑤

한 컵에 물을 반쯤 채우고, 색소가 있다면 넣어 주세요(색소는 실험 과정을 보여주는 데 도움이 됩니다).

물이 든 컵을 들어 올려서 실이 거의 팽팽해지면, 천천히 기울여서 물이 줄을 타고 흐르게 합니다.

주의
실이 그새 마르지 않았는지
확인하세요. 중간에 실이 말랐다면
실험이 제대로 되지 않을 수 있어요.

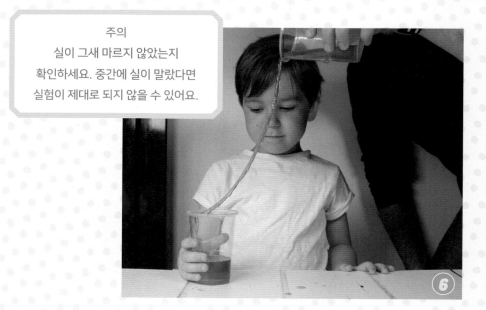

⑥

물이 이어진 실을 따라 아래쪽 컵으로 흘러가나요?

왜 그럴까요?

물은 표면장력(p.177 참조)으로 실에 붙어 있기 때문에, 중력이 아래로 끌어당겨도 떨어지지 않고 실을 따라 흘러내립니다. 또한 물은 자기들끼리 들러붙기 때문에 쉽게 방울져서 떨어지지 않습니다(p.129 참조).

물이 실에 달라붙는 것은 표면장력이 섬유를 통해 물을 끌어당기는 모세관 현상과 비슷합니다. 하지만 이 실험에선 실이 물을 그냥 당기는 것이 아니라 중력 때문에 실을 타고 아래로 흘러 내려가는 것입니다.

해보세요!

여기 물의 표면장력을 낮추는 방법이 있습니다. 그릇에 물을 채우고 위에 계핏가루를 뿌립니다. 이제 면봉을 액체 세제에 담갔다 빼서 조심스럽게 물 표면에 대어 보세요. 가루가 어떻게 될까요?

물은 액체, 고체, 기체의 세 가지 상태로 존재할 수 있습니다. 이 각각의 상태를 뭐라고 하나요?

아빠의 아는 척!

물의 표면장력이 물을 실에 붙어 있게 하듯이, 물은 거미줄에도 붙을 수 있습니다. 이른 아침, 습한 공기로 물안개가 필 때면, 이슬막으로 뒤덮인 거미줄을 볼 수 있습니다. 물과 거미줄 사이의 '점착성' 때문에 이슬이 아래로 떨어지지 않습니다.

하지만 이슬이 거미줄 전체에 골고루 묻어 있지는 않을 겁니다. 거미줄을 덮고 있는 물은 작은 물방울들로 나란히 쪼개져서 얇은 줄을 따라 꽤 일정한 간격으로 '진주 목걸이' 모양을 만들어 냅니다. 이때 떠오르는 태양이 이슬을 비추면 더욱 아름답겠죠.

← 거미줄에 맺힌 이슬

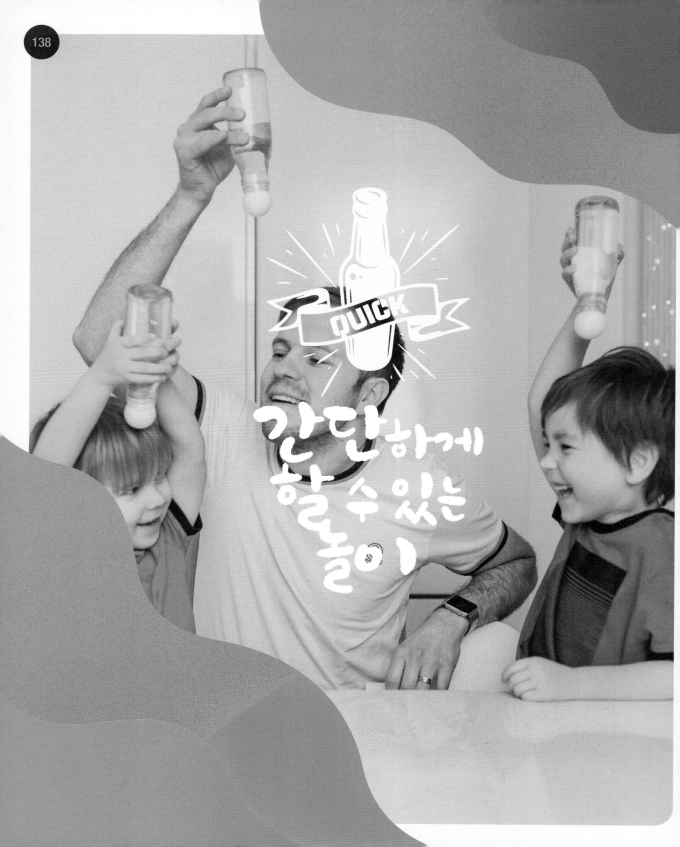

QUICK

간단하게
할 수 있는
놀이

아빠와 놀이 실험실

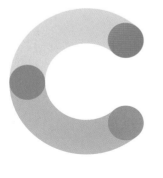

30

요술 고리

꼬인 종이 고리가 생각을 뒤바꿀 거예요.

얼마나 걸리나요?

10분

무엇을 배우나요?

사물의 모양을 다루는 위상수학(topology)이라는 수학 분야에서 맨 처음 배우는 간단한 원리를 알아봅니다.

무엇이 필요한가요?

☐ A4 용지 한 장

☐ 접착테이프

☐ 가위

직접 실험해 보아요

세로 방향으로
길게 오려 줍니다.

A4 용지에 세로 방향으로 4~5cm 간격의 선을 그려서 아이가 직접 오리게 하세요. 3개 이상 필요할 거예요.

첫 번째 종이는
양끝을 붙여
종이 고리를 만들어요.

아이가 테이프로 첫 번째 종이의 양쪽 끝을 서로 붙이게 하세요. 종이 고리 하나가 만들어졌지요?

두 번째 만들 고리는
끝을 한 번
꼬아서 붙여요.

두 번째 종이는 한쪽 끝을 한 번 뒤집어서 꼬아 붙이세요.

세 번째 고리는
끝을 두 번
꼬아서 붙여요.

세 번째 종이는 한쪽 끝을 두 번 뒤집어서 꼬아 붙이세요.

어떤 모양이 될 것 같아?

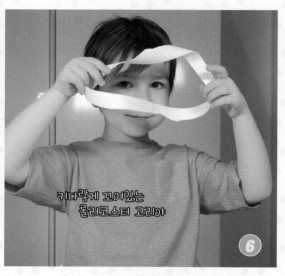

커다랗게 꼬여있는
롤러코스터 고리야

이제 아이에게 이들 세 종이의 중간을 따라 잘랐을 때 각각 어떤 모양이 될 것 같은지 물어보고 나서 직접 잘라보게 하세요. 첫 번째 단순한 고리는? 그냥 같은 모양의 고리두 개로 나누어지겠죠.

한 번 꼬아서 붙인 두 번째 고리는? 더 커진 고리가 되는데, 여전히 꼬인 상태일 거예요.

아빠, 두 개가 됐어요!!

두 번 꼬아서 붙인 세 번째 고리는? 두 개의 꼬인 고리가서로 끼워진 상태가 될 거예요.

플레이도우(공작용 점토)를 사용해서 위상적으로는 같지만, 보기에는 전혀 다른 모양을 만들 수 있나요? 위상적으로 같다는 것은 간단히 말해서 구멍의 개수가 같다는 겁니다. 다른 모양을 만들 때 구멍의 개수를 그대로 유지해야 합니다.

왜 그럴까요?

한 번 꼬인 띠를 '뫼비우스의 띠'라고 합니다. 이것을 연구했던 19세기 독일 수학자의 이름을 붙인 것입니다.

뫼비우스 띠가 신기한 이유는 앞면과 뒷면이 하나로 연결된다는 거예요(연필로 한쪽 면을 따라 선을 그어서 연결되는지 직접 확인해 보세요). 즉, 면이 하나밖에 없고 변도 하나밖에 없죠. 그래서 처음 출발한 곳으로 다시 돌아오려면 띠를 따라 두 바퀴를 돌아야 해요. 일반적인 띠보다 변의 길이가 두 배가 되는 거죠.

가위로 띠의 중간을 자르게 되면, 이 변을 뫼비우스 띠에 가두지 않고 자유의 몸으로 만들어 주는 겁니다. 이제 길이가 두 배인 한 개의 새로운 띠가 만들어지죠.

아빠의 아는 척!

위상수학은 모양을 다루는 수학의 한 분야입니다. 어떤 물체와 위상적으로 같은 물체를 점토로 만든다면, 원래 있던 구멍을 없애거나 새로 만들지 않으면서 다른 모양의 물체를 만들 수 있어야 합니다. 예를 들어 이런 식으로 공을 정육면체로는 바꿀 수 있는데, 공을 도넛 모양으로도 바꿀 수 있을까요? 공을 평평하게 누르고 가운데 구멍을 내거나, 아니면 공을 원통 모양으로 굴려 만든 다음 양 끝을 이어 붙여야만 하겠죠. 어떤 식이든 결국 구멍을 새로 만들어야 합니다.

결국, 도넛 모양은 위상적으로 공이나 정육면체와는 다릅니다. 그런데 손잡이가 달린 머그잔과는 같답니다. 그렇다면, 이제 여러분도 점토를 이용해서 구멍 개수가 같으면서 보기에는 모양이 다른 것들을 만들 수 있겠지요?

해보세요!

아이들에게 뫼비우스의 띠가 한 면으로 연결되었다는 걸 보여주려면, 종이 양면에 각각 다른 색으로 선을 그어 보라고 하세요. 꼬이지 않은 첫 번째 고리는 문제가 없겠죠. 하지만 두 번째 뫼비우스 띠의 한쪽 면을 따라 선을 그리다 보면, 처음 출발한 곳에서 같은 색깔의 선과 만나게 된다는 걸 알게 됩니다.

하나 더 해볼까요? 이번에는 종이 가운데가 아니라 1/3 정도 되는 곳을 오려 보세요. 처음 가위질을 시작한 곳으로 오려면 두 바퀴를 돌아야 할 텐데요. 결과는 어떻게 될까요?

31

어디서 나온
색이죠?

물 색깔이 어떻게 해서 변했는지 아무도 모를 거예요.

얼마나 걸리나요?

10분

무엇을 배우나요?

놀랍네요! 그런데 어떻게 한 거죠?

무엇이 필요한가요?

☐ 물

☐ 여러 색깔의 식용 색소

☐ 뚜껑 있는 투명한 병(색깔 수만큼)

☐ 면봉

직접 실험해 보아요

모든 실험 과정은 동영상으로 볼 수 있어요 ▶

물병들에 물을 가득 채우고, 뚜껑의 안쪽 면에 식용 색소 몇 방울을 떨어뜨립니다. 병마다 다른 색소를 사용하세요.

뚜껑을 닫았을 때 색소가 흘러내리지 않도록 면봉으로 살짝 문질러 주세요.

이제 뚜껑들을 닫으면 그냥 물이 들어 있는 것처럼 보이겠죠.

짠!
흔들었더니

그러나 병을 흔들게 되면 마치 마술처럼 색이 물들게 됩니다.

해보세요!

마술처럼 여러 색깔의 물이 생겼죠? 이제 아이들에게 유리컵에 그것들을 섞어 보라고 하세요. 여러 색이 섞여서 어떤 색을 만드나요?

왜 그럴까요?

원리를 알고 나면 쉽죠?

일단 아이가 모르는 상태에서 알아낼 수 있는지부터 해보세요. 아마도 이 마술로 친구들을 놀라게 할 수 있을 거예요.

> 색의 3원색(빨강, 노랑, 파랑)을 색상환의 반대편에 있는 이차색과 섞으면 어떤 색이 나올까요?
>
> 맑은 날, 분무기로 물을 뿌려서 직접 무지개를 만들어 보세요.

세 가지 원색과 이차색을 표시하는 색상환입니다. 각 이차색은 양옆의 두 가지 원색을 섞어서 만듭니다.

아빠의 아는 척!

우리는 보통 무지개가 일곱 색깔이라고 배웁니다. 빨주노초파남보. 하지만 오늘날 대부분의 과학자는 6개로 인정합니다. 바로 3개의 원색(primary color)과 3개의 이차색(secondary color)입니다. 그러면 나머지 하나는 어디서 왔을까요?

무지개 끝에 있는 남색(indigo)과 보라색(violet)은 둘 다 보라색(purple) 계열입니다. 남색은 짙고 푸르스름한 보라색이며, 보라색은 더 붉은빛이 도는 보라색입니다. 하지만 무지개의 모든 색깔은 서서히 바뀌기 때문에 어디서 끝이 나고 다음 색이 어디서 시작되는지 정확히 말할 수 없습니다. 남색과 보라색은 실제로 파란색이 보라색으로 변하는 과정입니다.

그런데 무지개에서 이들 색이 2개가 아닌 3개로 나뉜 이유는 또다시 아이작 뉴턴 때문입니다. 그는 빗방울을 통과하는 태양빛으로부터 무지개가 어떻게 만들어지는지 처음 밝혀냈으며, 음계에 7개의 음이 있는 것처럼 무지개에도 7개의 색이 있어야 한다고 생각했습니다.

하지만 완전히 다른 두 경우에서 왜 개수가 같아야 할까요? 아이작 뉴턴은 그래야 한다고 생각했지만 그럴 만한 이유가 없어요! 오늘날 과학은 무지개에 대하여 더 자세히 밝혀냈으며, 과학자 대부분이 무지개는 6가지 색이라고 말합니다. 이러는 편이 깔끔합니다. 3개의 원색과 3개의 이차색. 색상환으로 이러한 색들의 관계를 표시할 수 있습니다.

32

자석의 힘

금속 물질과 자석 사이에 다른 게 있어도
잘 붙을까요?

얼마나 걸리나요?
10분

무엇을 배우나요?
자력은 물체를 통과할 수 있습니다.

무엇이 필요한가요?

☐ 클립 더미(100개 정도)

☐ 강한 자석 또는 작은 자석 뭉치

☐ 얇은 책이나 잡지

직접 실험해 보아요

모든 실험 과정은 동영상으로 볼 수 있어요 ▶

클립 더미를 쏟아 놓습니다.

클립이 맨손으로 끌리나요? 당연히 안 되죠!

클립들 위에 손을 얹고 그 위에 자석을 올립니다.

아이가 손을 올리면 클립이 사슬처럼 딸려 올라올 거예요 (자석의 자력이 손을 통과해도 해로운 건 아니니까 안심하세요).

손 대신 책을 놓고 위에 자석을 얹어서 해보세요.

자석 자체를 온통 클립들로 감싸고 나서 마치 점토처럼 원하는 모양을 만들 수도 있어요.

갖고 있는 자석들을 비교해 보세요. 어떤 게 가장 센가요? 각각의 자석으로 한 줄로 잇따라 끌어올릴 수 있는 클립의 개수를 세어 보면 알 수 있겠죠.

책에서 자석을 떼면 클립들이 아래로 우르르 떨어지는 것을 아이가 관찰하게 하세요.

왜 그럴까요?

자석이 만든 자력은 클립 같은 쇠나 강철을 끌어
당깁니다. 강력한 자석의 자력은 손이나 책 같은
물체를 관통할 수 있습니다.

아빠의 아는 척!

클립 같은 금속은 자석 가까이에 있으면 자성을 띠게 되어
다른 클립을 끌어당깁니다.

실제로 철로 만든 바늘을 일종의 자석으로 만들 수도 있습니
다. 바늘을 자석에 대고 앞뒤로 왔다 갔다 하지 말고, 한
방향으로만 문질러 보세요. 그다음 코르크 마개에 바늘을
관통시켜서 물에 띄우면, 북쪽을 향해 일직선으로 떠 있을
거예요. 지구 자기장의 힘에 이끌리는 나침반이 된 거죠. 하
지만 이런 자성은 오래가지 않아요.

해보세요!

모든 금속이 자성을 띠지는
않아요. 동전, 열쇠, 칼, 쇠
파이프 같은 금속들로 실험
해 보세요.

↗ 바늘로 만든 나침반

33

잠수함 만들기

물속에 있는데 젖지 않아요!

얼마나 걸리나요?

10분

무엇을 배우나요?

물속에서도 컵 안의 공기를 유지할 수 있어요.

무엇이 필요한가요?

☐ 7cm×10cm 크기의 종이 한 장

☐ 물을 가득 채운 큰 유리그릇

☐ 유리컵

직접 실험해 보아요

모든 실험 과정은 동영상으로 볼 수 있어요 ▶

 ❶

7cm × 10cm

 ❷

그림과 같이 종이배를 만들어 보세요. 7cm×10cm 크기의 종이면 큰 유리그릇에 띄우기 좋습니다.

물이 담긴 유리그릇에 종이배를 띄웁니다.

컵을 덮고

종이배를 바닥까지

유리컵을 뒤집어서 종이배를 덮고,

그대로 유리컵을 유리그릇 바닥까지 내려봅니다.

승객 여러분!
우리 배는 무사합니다.

이제 유리컵을 다시 조심스럽게 들어 보세요.

배가 물속으로 가라앉은 것 같았는데 유리컵을 들면 젖지 않은 채로 계속 떠 있죠. 어떻게 된 일일까요?

유럽에서 가장 오래된 종이접기 삽화는 요하네스 드 사크로보스코가 1490년에 만들었는데, 바로 지금 우리가 만든 종이배를 그린 것이 랍니다.

왜 그럴까요?

배가 유리컵의 밀폐된 공기 안에 머물러 있기 때문입니다. 배를 덮은 유리컵이 그릇 바닥까지 내려가면 마치 물에 잠긴 것처럼 보이지만, 실제로 유리컵은 물이 아니라 공기로 가득 차 있는 것입니다.

유리컵에 물이 없으면 비어 있는 것으로 생각하기 쉽죠. 하지만 실은 공기로 채워져 있고 유리컵이 막고 있기 때문에 공기는 빠져나갈 수 없어요. 그래서 물속에 있긴 해도 배는 건조한 공간에 머물고 있답니다.

해보세요!

잠수부는 다이빙벨(diving bell, 잠수종)을 타고 물속으로 내려갑니다. 우리도 한번 해볼까요?

탁구공에 얼굴을 그려서 물에 띄웁니다. 투명한 플라스틱 컵으로 공을 덮고 물속으로 내려놓게 되면 바닥에서도 공은 가득한 공기와 함께 있겠죠. 그런데 그 꼭대기, 즉 컵의 바닥에 조그마한 구멍을 낸다면 어떻게 될까요? 잠수하기 전에 그 구멍을 손가락으로 막고 있다가 잠수하고 나서 손가락을 떼면 어떤 일이 생길까요?

아빠의 아는 척!

우리가 만든 것은 다이빙벨(잠수종)입니다. 사람이 물속에서 생존할 수 있게 한 최초의 잠수함 형태입니다. 고대 그리스인들이 지중해를 탐험하기 위해 유리 다이빙벨을 사용했다는 기록이 있지만 확실하지는 않습니다. 사람들을 태우고 수중으로 내려간 최초의 현대식 다이빙벨은 16세기에 만들어졌습니다. 공기가 빠져나가지 않도록 벨이 기울어지지 않게 세심하게 균형을 잡아야 했습니다.

공기 중의 산소는 잠수부의 생존에 꼭 필요하며, 숨을 쉴 때마다 소모됩니다. 산소 관을 통해 외부 공기가 흘러들어 가거나 압축 공기로부터 산소가 공급되지 않는다면 오랫동안 잠수할 수 없겠죠. 다이빙벨은 아직도 해저 탐험에 사용한답니다.

← 초기의 다이빙벨

34

무중력 유리병

병을 거꾸로 해도 탁구공이 안 떨어져요.

얼마나 걸리나요?
10분

무엇을 배우나요?
진공이 빨아들이는 힘은 얼마나 셀까요?

무엇이 필요한가요?

☐ 물

☐ 입구에 탁구공을 담을 수 있을 만한
크기의 유리병

☐ 탁구공

☐ 엎질러진 물을 담을 정도의 큰 쟁반

직접 실험해 보아요

모든 실험 과정은 동영상으로 볼 수 있어요 ▶

쟁반에 유리병을 세워 놓고 거의 넘칠 때까지 물을 가득 채웁니다.

유리병 입구에 탁구공을 올려놓으세요.

이제 유리병을 거꾸로 뒤집어 보세요.

탁구공이 떨어지나요?

왜 이런거에요?
ㅋㅋ

물을 버리고
해보면 어떨까?

아이가 직접 해보게 하세요. 그리고 유리병의 물을 모두
빼고 나서도 해보세요.

진공청소기는 진공 상태로 작동할까요?

왜 그럴까요?

병에서 물이 빠져나오려면 그 자리를 대신할 물질이 들어가야 합니다. 보통은 공기가 들어가지만 탁구공이 입구를 막고 있기 때문에 안으로 들어갈 수 없습니다.

그런데 왜 물 대신 다른 게 들어가야 할까요? 중력이 아래로 끌어당기면 왜 그냥 끌려 나오지 못하는 걸까요? 물을 다른 것으로 대신하지 않고 병에서 빼낸다면 진공 상태가 만들어집니다. 공기도 없는 빈 공간인 것이죠. 그렇게 하려면 많은 힘이 필요한데 중력은 그만큼 강하지 못합니다.

고대 그리스 철학자 아리스토텔레스는 '자연은 진공 상태를 싫어한다.'라고 말했습니다. 공간을 대신 채울 수 없으면 물을 놓아주지 않을 것이라는 뜻입니다. 좀 더 과학적으로 설명하자면, 우리 주위의 모든 공기는 압력을 생성합니다. 공기는 매우 가볍긴 해도 무게가 없는 것은 아닙니다. 공기는 우리 위에서 그야말로 수 킬로미터 이상의 높이로 우리를 짓누르고 있습니다. 이 공기압이 진공을 만들지 못하도록 입구의 탁구공을 밀고 있는 것이죠. 다시 정리하자면, '자연이 진공 상태를 싫어하는' 진짜 이유는, 진공 상태가 되려면 그 모든 공기의 압력을 이겨내면서 반대로 밀어내야 하기 때문입니다.

해보세요!

탁구공 대신 다른 물건으로 입구를 막아 보세요. 엽서나 카드를 병 위에 놓고 뒤집은 채 손을 떼어 보세요. 어떻게 보면, 이건 정말 신기한 마술 같기도 하죠. 탁구공의 경우는 코르크 마개처럼 병 입구에 끼어 있어서 그렇다고 생각했을지도 모르지만(물론 실제로는 그렇지 않지만), 이번에 카드를 붙잡고 있는 것은 아무것도 없다는 것을 알게 되겠죠.

그렇다면 병에 반 정도만 물이 차 있고 나머지는 공기로 채워져 있다면 마술이 될까요? 카드가 떨어지지 않게 하려면 물을 어느 정도 채워야 하는지 직접 실험해서 알아보세요.

아빠의 아는 척!

진공이라고 하면 대부분 사람들은 진공청소기를 떠올립니다. 진공청소기는 팬을 돌려서 청소기 안의 공기를 빼내어 진공 상태(정확히 말하면 부분 진공, 즉 내부의 공기 압력이 낮은 상태)를 만드는 방식입니다.

이렇게 하면 주변의 공기 압력에 의해 공기가 진공청소기 안으로 빨려 들어가게 됩니다. 이때 먼지 알갱이, 빵 부스러기, 장난감 부속품 같은 작은 물체들이 공기와 함께 끌려가겠죠. 이러한 청소기의 흡입력이 바로, 탁구공을 병 입구에 붙어 있게 하는 것과 같은 원리랍니다.

COLOURFUL

화려한
예술
놀이

아빠와
놀이실험실

35

살아 움직이는 그림

말 그대로 떠다니는 그림을 그려 볼까요.

얼마나 걸리나요?

20분

무엇을 배우나요?

정말로 그림이 둥둥 뜰 수 있어요.

무엇이 필요한가요?

□ 물

□ 여러 가지 색 보드마커(쉽게 마르는 보드마커, 언제나 새것이 최고!)

□ 도자기 접시

직접 실험해 보아요

모든 실험 과정은 동영상으로 볼 수 있어요 ▶

우선 사용할 보드마커가 실험에 적당한지 테스트해 보세요. 각 보드마커로 접시에 점을 하나씩 찍고 물을 조금 부어 보세요. 점이 물에 떠야 합니다.

선으로 된 그림보다 면을 채운 그림이 더 잘 고정돼요

이제 접시에 그림을 그립니다. 선만 그리지 말고, 그림이 잘 고정되도록 안에 색칠도 해보세요.

따뜻한~ 물

접시에 따뜻한 물을 천천히 부어 보세요.

둥실

살살 후우~~~

그림이 접시에서 떨어지나요?

그럼 빨대로 살살 불어서 돌려 보세요.

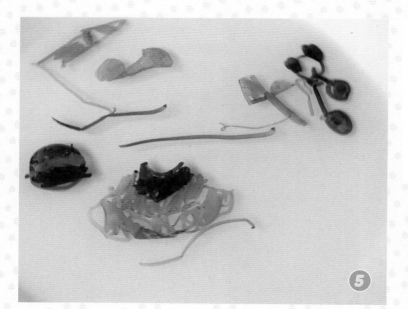

접시 전체에 그림을 그리고 그림들이
이리저리 떠다니게 해보세요!

유성 매직으로 그리면 어떻게
될까요?
_____
_____
_____

왜 그럴까요?

이 놀이는 과학보다는 창의력을 키워주는 활동입니다. 그래도 왜 그런지 알아볼까요? 보드마커용 잉크는 플라스틱 종류인 폴리머(polymer, 고분자 화합물)이기 때문에 마르면 물에 녹지 않는 단단한 필름이 됩니다. 이러한 필름은 특히 표면이 미끄러운 도자기 접시나 유리에는 단단히 붙지 않아서 물을 부으면 쉽게 떨어진답니다.

아빠의 아는 척!

보드마커와 유성 매직은 거의 반대입니다. 유성 매직은 영구마커라고도 하는데, 어떤 표면에도 강하게 달라붙기 때문에 쉽게 떨어지지 않습니다. 그러나 보드마커는 빨리 마르고 표면에 약하게 붙어 있기 때문에 쉽게 지워버릴 수 있답니다.

그런데 그림이 물에 떠오르는 또 다른 이유가 있습니다. 마른 잉크 필름이 물보다 밀도가 낮기 때문입니다. 그래서 물은 그림 아래로 흘러들어 가고, 그림은 표면에서 떨어지면서 마치 코르크 마개가 위로 튀어 오르듯이 물 위로 떠오르는 것이죠.

해보세요!

떠오른 그림 위에 종이를 올려서 그림을 옮겨 보세요.

ㄱ   물로 안 지워지는 유성 매직은 알코올로 지울 수 있어요.

36

마법의 컬러 병

색을 섞고 다시 분리해 보자!

얼마나 걸리나요?

25분

무엇을 배우나요?

이차색(주황색, 초록색, 보라색)은 원색(빨간색, 노란색, 파란색) 중 두 가지를 섞어서 만듭니다.

무엇이 필요한가요?

☐ 투명한 베이비오일

☐ 물

☐ 뚜껑 있는 유리병 3개

☐ 식용 색소: 빨간색, 노란색, 파란색
각 색상별로 수용성, 지용성 모두 필요합니다.
수용성은 일반적인 식용 색소이고, 지용성은 온라인에서 보통 '캔들 색소' 또는 '초콜릿 색소'라고 불리며, 초콜릿과 같은 지용성 물질을 착색하는 데 사용합니다.

직접 실험해 보아요

모든 실험 과정은 동영상으로 볼 수 있어요 ▶

똑... 똑...　떨어뜨리고

①

먼저 세 병에 물을 반씩 채우고, 한 병에 한 가지 색의 수용성 색소 몇 방울을 넣어서 잘 저어 줍니다.

잘 저어 주었다면　+ 베이비 오일

+ 베이비 오일
+ 수용성 색소
+ 물

②

이제 베이비오일로 세 병을 모두 채워 줍니다. 기름은 물보다 밀도가 낮아서 위에 뜨게 됩니다. 즉, 같은 양의 기름이 물보다 가볍다는 뜻입니다.

+ 지용성 색소
+ 베이비 오일
+ 수용성 색소
+ 물

③

이번에는 지용성 색소를 넣어 줍니다. 노란색은 파란 병에, 빨간색은 노란 병에, 파란색은 빨간 병에 섞어 보세요.

뚜껑을 꼭 닫고
흔들어서 섞어줄 거예요

4

쉐킷~

쉐킷~

무슨 색깔로 변하나~?

5

뚜껑을 닫아서 아이가 직접 흔들게 하세요. 물과 기름을 섞으려면 온몸으로 힘차게 흔들어야 할 거예요.

액체가 섞이면 색깔이 변하겠죠. 빨강과 노랑은 주황색으로, 파랑과 노랑은 초록색으로, 빨강과 파랑은 보라색으로 변할 거예요.

6

액체가 꽤 빠른 속도로 다시 분리되는 게 보이나요? 각각 처음의 두 가지 원색으로 돌아가나요? 아마도 완벽하진 않을 수 있습니다. 각 식용 색소의 일부가 다른 층에 녹아 있을 수도 있습니다. 그럼 다시 흔들면 되겠죠.

해보세요!

병을 흔들기 전에 액체 세제를 몇 방울만 섞으면 혼합된 색깔을 계속 유지할 수 있습니다. 액체 세제의 비누 분자들이 물에 녹는 비누 막으로 기름방울을 둘러싸기 때문인데요. 시중에서 파는 샐러드드레싱에도 비누는 아니지만 같은 성질의 분자가 들어 있어서 잘 섞인 상태를 유지할 수 있답니다.

노란색 물감이 아닌 노란색 빛을 만들려면 어떤 색깔의 빛을 섞어야 할까요?

왜 그럴까요?

원색은 오직 빨간색, 노란색, 파란색, 세 가지뿐입니다. 이들 원색은 다른 색을 섞어서 만들 수 있는 것이 아닙니다. 이것이 '원색'의 정의입니다.

세 가지 이차색은 원색 두 가지를 섞은 것입니다. 노란색과 파란색을 섞으면 초록색이 된다는 건 잘 알고 있을 거예요. 방금 노란색 오일과 파란색 물이 든 병을 흔들었지요. 이때 기름과 물은 아주 작은 방울로 쪼개지면서 서로 뒤섞여서 초록색으로 보이게 됩니다. 하지만 물과 기름은 섞이지 않기 때문에 다시 분리되어 원래 색으로 돌아오는 것이죠. 샐러드드레싱을 만들 때에도 수용성인 식초와 기름을 섞을 때 똑같은 일이 생긴답니다.

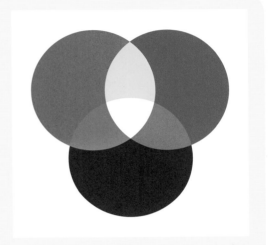

↗　색깔 있는 빛을 섞는 것은 물감을 섞는 것과 달라서, 빛의 세 가지 원색(빨간색, 초록색, 파란색)을 모두 섞으면 흰색이 됩니다.

아빠의 아는 척!

화가들은 색을 섞어서 새로운 색을 냅니다. 아이들도 그림을 그릴 때 색을 만드는 법을 배우고요. 이차색 뿐만 아니라, 빨간색과 흰색을 섞어서 분홍색을 만들 수도 있고 검은색과 흰색으로 무지개에는 없는 회색도 만들 수 있겠죠.

TV와 같은 화면은 세 가지 원색의 다양한 조합으로 수많은 색을 만듭니다. 하지만 조금 다른데요. TV를 자세히 보면(눈에는 좋지 않으니까 오래 보지는 마세요), 세 가지 원색이 보일 텐데요, 빨간색, 초록색, 파란색입니다. 화면에서 흰색 입자를 찾아서 자세히 보면 나란히 있는 세 가지 색의 작은 입자를 볼 수 있습니다.

그런데 초록색이라고요? 왜 노란색이 아니죠? 그리고 이러한 세 가지 색 물감을 모두 섞으면 그냥 짙은 갈색이 되는데, 화면에서는 왜 하얗게 될까요? 이유는 바로 TV 화면에서는 색소나 물감이 아니라 순수한 빛 자체를 섞기 때문입니다. 빛을 섞을 때는 다른 규칙이 있습니다. 빨강과 초록이 섞여서 노랑을 만들고, 빨강, 초록, 파랑이 섞여서 흰색을 만듭니다. 그리고 화면의 색 입자가 작아서 우리 눈에는 색들이 섞인 상태로 비치는 것입니다.

물감이나 염료, 잉크를 섞는 것을 감산 혼합, 빛을 섞는 것은 가산 혼합이라고 합니다. 약간 헷갈린다고요? 걱정 마세요. 17세기에 아이작 뉴턴이 가산 혼합 법칙을 발견하고 나서 몇 년 동안은 과학자와 예술가들도 혼란스러워했으니까요.

37

얼음 위의 예술

절대 마르지 않는 그림을 그려볼까요?

얼마나 걸리나요?

20분

무엇을 배우나요?

그림을 꼭 종이에만 그릴 필요는 없겠죠!

무엇이 필요한가요?

☐ 물감과 붓

☐ 얼음판
  (평평한 쟁반이나 접시에 얼린 물)

☐ 얼음을 담을 큰 그릇이나 쟁반

> 주의
>
> 얼음은 미리 얼려두어야 합니다.

직접 실험해 보아요

모든 실험 과정은 동영상으로 볼 수 있어요 ▶

접시에 미리 얼려둔 얼음을 꺼내서 매끈한 표면이 위로 오도록 뒤집어 주세요.

자, 예술 활동을 시작할까요!

접시나 쟁반에 얼린 둥그런 얼음은, 붓질할 때 얼음이 미끄러지면서 자꾸만 회전할 거예요. 그래도 괜찮아요. 아이들이 미끄러운 얼음을 느끼면서 더 잘 그리려고 할 테니까요.

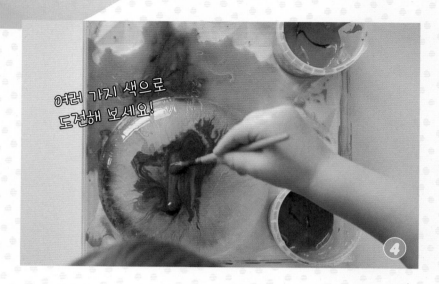

여러 가지 색으로
도전해 보세요!

4

아빠... 다음엔
쟤 입부터 열어주세요.

작은 폴록의 액션 페인팅
기법을 보여주기
어떤가? 이 거장의 실력이...

휘적 휘적

5

유화 물감을 물 위에 떨어뜨리고 그 위에 종이 한 장을 띄워
보면 어떻게 될까요?

왜 그럴까요?

얼음으로는 그림을 완성할 수 없어요. 작품이 완성되기도 전에 얼음이 녹아서 씻겨져 버리니까요. 계속 새로운 것을 만들어 내는 과정인 것이죠.

얼음에 대해 이야기할 수 있는 재미난 시간입니다. 얼음은 무엇으로 만들어졌는지? 물은 왜 딱딱해지는지? 왜 그렇게 차가운지? 왜 미끄러운지? 그림이 녹는 데 얼마나 걸리는지, 녹으면 어떻게 되는지? 그냥 질문을 던지고 답을 찾아보세요.

해보세요!

얼음 속에 반짝이 같은 재료나 알루미늄 포일 조각을 같이 얼려서 색다르게 시도해 보세요.

↗ 얼음 표면은 완전히 얼어 있지 않아서 미끄러워요.

아빠의 아는 척!

얼음은 왜 딱딱하죠? 모든 액체는 너무 차가우면 얼어서 고체가 되고, 고체는 너무 뜨거우면 녹아서 액체가 됩니다. 지구 깊숙하고 뜨거운 곳에 있는 돌덩어리가 녹아서 용암이 되고, 용암은 화산으로 분출됩니다.

금속을 녹이면 청동으로 만든 동상 같은 모양을 만들 수 있습니다. 고체에서는 모든 원자나 분자가 서로 묶여서 움직일 수 없는 반면, 액체에서는 움직일 수 있다는 것이 고체와 액체의 다른 점입니다.

그런데 얼음은 왜 미끄러울까요? 이에 대한 논쟁은 오래전인 19세기에 시작했습니다. 몇몇 과학자들은 얼음 표면이 발의 압력이나 스케이트 부츠의 날에 눌릴 때 녹기 때문이라고 생각했습니다. 다른 이들은 얼음의 가장 바깥에 있는 표면은 처음부터 완전히 얼어 있지 않아서 항상 매우 얇은 액체의 층을 만들기 때문이라고 했습니다. 우리는 지금 두 번째 생각이 옳다는 것을 알고 있습니다. 하지만 얼음이 눌려지는 것도 어느 정도 녹는 원인이 될 수 있습니다.

38

숨은 색깔 찾기

물에 젖으면 단어들이 진짜 색깔을 드러냅니다.

 얼마나 걸리나요?

20분

 무엇을 배우나요?

색깔을 나타내는 단어 읽고 쓰기
- 절대 까먹을 수 없겠죠?

 무엇이 필요한가요?

☐ 물

☐ 여러 가지 색 사인펜(수성 사인펜)

☐ 검은색 매직(유성 매직 혹은 네임펜)

☐ 종이 타월

☐ 스포이트 또는 피펫

직접 실험해 보아요

모든 실험 과정은 동영상으로 볼 수 있어요 ▶

종이 타월 위에 색의 이름(빨강, 파랑 또는 Red, Blue 등)이 검은색으로 쓰여 있습니다. 그런데 스포이트로 글자 위에 물을 떨어뜨리면, 글자 색이 마법처럼 퍼져 나옵니다. 자, 시작해 볼까요.

먼저, 종이 타월 위에 여러 가지 색 사인펜으로 해당하는 색깔의 이름을 적어 보세요.

이제 검은색 매직으로,

조심스럽게 모든 글자를 덮어씁니다.

마술이 준비됐습니다. 아이가 직접 종이에 물을 떨어뜨리게 하세요. 그리고.... 짜잔!

마술을 보여주기 전에 아이가 그 단어의 색깔을 알고 있는지 물어 보세요.

물이 종이 타월에서 얼마나 빨리 번질까요? 일반 프린터 용지와 비교해 보세요.
젖은 종이 타월에 수채화 물감을 떨어뜨리면 어떻게 될까요?

왜 그럴까요?

유성 매직의 잉크는 어떤 표면에도 단단히 붙을 수 있으며 물에 녹지 않습니다.

그리고 수성 사인펜의 잉크는 물에 녹습니다. 물이 종이 타월로 스며들 때, 검은색 매직의 잉크는 여전히 종이에 붙어 있지만, 그 아래 숨겨진 색깔은 녹아서 옆으로 퍼져 나오게 됩니다.

해보세요!

이 활동은 영어나 독일어, 일본어 등 다른 언어로 색깔의 이름을 가르치기 좋아요.

아빠의 아는 척!

그런데 왜 물이 종이에 스며들까요? 이때 정확히 말하면 물이 '흘러 들어가는' 것은 아닙니다. 오히려 물은 종이 섬유 사이로 끌어당겨지고 있습니다.

종이는 작은 섬유들이 서로 얽힌 채 붙어 있으며, 그 사이에는 눈에 보이지 않는 작은 틈새가 있습니다. 물은 표면장력에 의해 이 틈새로 잡아당겨집니다. 이때 표면장력은 물 표면이 만드는 당기는 힘이라고 할 수 있죠. 이러한 표면장력은 컵에 담긴 물이 컵의 벽을 타고 곡선을 그리며 올라가는 모습에서도 확인할 수 있습니다.

또한 유리컵 가득한 물이 아슬아슬하게 넘치지 않게 하는 것도 표면장력입니다. 조심스럽게만 한다면 물을 더 넣을 수도 있을 것입니다. 이렇게 표면장력이 얽힌 섬유 사이로 액체를 끌어당기는 것을 '모세관 현상(capillary effect)'이라고 합니다.

모세관 현상은 영어로 'wicking(양초의 심지)'이라고 부르기도 하는데, 녹은 양초 물을 심지 위쪽으로 계속 끌어당겨서 불을 태우는 것을 말합니다.

↗ 표면장력이 표면을 잡아당겨서 물방울이 터지지 않게 합니다.

39

나만의
인쇄기

알루미늄 포일로 화려한 그림을 인쇄해 볼까요?

얼마나 걸리나요?

20분

무엇을 배우나요?

신나게 그림을 그리고, 인쇄도 해 볼까요.

무엇이 필요한가요?

☐ 큰 알루미늄 포일

☐ 물감과 붓

☐ 종이

직접 실험해 보아요

모든 실험 과정은 동영상으로 볼 수 있어요 ▶

알루미늄 포일을 펼칩니다.

아이가 붓으로 마음껏 그리게 하세요!

골고루 눌러요, 종이에 찍히도록

어디 볼까?

다 그렸으면 깨끗한 종이를 덮고 부드럽게 골고루 누르세요.

종이를 들어보면 인쇄가 돼 있죠?

해보세요!

나뭇잎, 뽁뽁이(에어캡), 사포 같은 울퉁불퉁한 표면에 물감을 칠하고 종이로 눌러주는 방법도 있습니다. 이런 식으로 활용할 만한 질감 있는 것들을 찾아서 찍어 보세요. 그리고 실제로 그림을 그릴 때도 나무나 해변의 모래 같은 것들을 이런 식으로 표현할 수도 있겠죠.

왜 그럴까요?

이 놀이에 어떤 숨은 과학이 있는 것은 아니지만, 원래 그림이 거울처럼 대칭으로 인쇄되는 것을 탐구해 볼 수 있을 겁니다. 직접 손도장을 찍어 살펴보세요. 왼손은 오른손으로 인쇄되겠죠.

재료들을 관찰해 볼까요? 알루미늄 포일은 종이보다 더 쉽게 구겨지죠. 탄성이 없어서 한번 구겨지면 구겨진 상태로 그대로 있고요. 또 종이보다 흡수성이 없어서 물감이 빨리 마르지 않기 때문에 이렇게 인쇄할 수 있는 것이랍니다.

탁본에 대해서 알아볼까요? 그림이 새겨진 비석이나 물건 위에 종이를 올려놓고 부드러운 연필로 문지르면 그림을 베껴낼 수 있습니다. 이런 식으로 집에 있는 것들을 찾아서 크레용으로 문지를 수 있겠죠?

↗ 아이들은 손으로 찍어내는 것을 좋아합니다. 그런데 오른손을 인쇄하려면 오른손을 찍어야 할까요?

아빠의 아는 척!

금속 표면을 이용한 인쇄 기술은 최소한 중세 시대로 거슬러 올라갈 만큼 매우 오래전부터 사용해 왔습니다.

예술가들은 단단하고 날카로운 금속 도구로 구리같이 부드러운 금속판 위에 그림이나 무늬를 새깁니다. 그런 다음, 롤러로 잉크를 판에 바른 후 그 위에 종이를 올려서 그림이 새겨진 표면을 조심스럽게 찍어 냅니다. 바로

흑백 판화를 찍는 방법입니다. 물론 컬러 잉크를 사용하면 컬러로 인쇄할 수도 있겠죠. 18세기 후반부터는 훨씬 단단한 강철판을 사용해서 여러 번 인쇄해도 미세한 선들을 선명하게 유지할 수 있게 되었습니다. 똑같은 그림책이나 지폐를 대량으로 찍어내려면 이 방법을 쓰는 게 좋겠죠.

40

사탕 만화경

달콤한 사탕이나 초콜릿으로 화려한 무지개를
만들어 볼까요?

얼마나 걸리나요?

10분

무엇을 배우나요?

재미난 과학과 동시에 놀라운 화려한 무늬를 만들어
봅시다.

무엇이 필요한가요?

☐ M&Ms 초콜릿, 네슬레 스마티즈, 스키틀즈와 같은 다양한 색깔의 단추 모양 사탕이나 초콜릿 한
봉지

☐ 따뜻한 물

☐ 큰 접시(가운데로 갈수록 약간 오목한 형태의 것)

직접 실험해 보아요

모든 실험 과정은 동영상으로 볼 수 있어요 ▶

접시 위에 M&Ms 초콜릿으로 다양한 색깔별로 패턴을 그리며 큰 원을 만듭니다.

큰 원을 만들려면
큰 접시가 필요해요

①

색깔을 고르게 정렬하고

②

따뜻한 물

③

잠시 후면...

④

따뜻한 물을 접시 가운데에 부어서 초콜릿 원에 닿을 때까지 채우세요.

초콜릿이 금방 녹아서, 가운데로 길게 이어지는 무지개색의 선들이 만들어지죠.

⑤

해보세요!

다른 사탕, 다른 모양으로도 해보세요. 더불어 사탕으로 직접 그림을 그리거나 다른 패턴으로 색을 섞기도 해보세요.

그리고 물의 온도가 이번 활동에 어떤 영향을 미치는지도 관찰해 보세요.

왜 그럴까요?

초콜릿의 화려한 색소를 물에 녹이는 게 깜짝 놀랄 일은 아니지만 이런 놀라운 줄무늬는 어떻게 나온 걸까요?

이것도 역시 물질의 밀도와 관계가 있습니다. 사탕이나 초콜릿은 녹을 때 색소뿐만 아니라 표면에 코팅된 설탕도 같이 녹게 됩니다. 앞에서 알아본 것처럼(p.65의 소금물), 설탕물은 물보다 조금 더 밀도가 높습니다. 그래서 색소와 함께 접시 가운데로 가라앉게 됩니다.

사람들은 이때 색깔들이 옆으로 흩어지지 않는 걸 신기해하는데요. 사실 흩어지지 않는 것이 아니라, 흩어지는 것이 내려가는 흐름보다 훨씬 느리게 진행되기 때문입니다. 이렇게 색소 분자들이 물속에서 무작위로 떠다니며 흩어지는 것을 '확산'이라고 합니다. 확산은 비교적 느린 편이라, 물속에 색소를 섞이게 하는 어떤 물의 흐름이 없으면 색소가 모두 섞이는 데 오랜 시간이 걸리게 됩니다.

물을 담은 컵에 색소를 떨어뜨려 본 적 있나요?
어떻게 되나요?
물의 온도를 다르게 하면 어떻게 달라지는지 확인해 보세요.

아빠의 아는 척!

밀도의 차이는 큰 바다에서 물살의 흐름을 만듭니다. 그리고 밀도는 물속에 녹아있는 물질의 양에 따라 달라집니다. 바다 표면에서 물은 증발하지만 소금은 그대로 남기 때문에, 바다 표면의 물은 점점 밀도가 높아져서 바닥으로 가라앉게 됩니다. 소금물이 가라앉으면서 지구의 대양에는 마치 컨베이어 벨트 같은 거대한 물의 순환이 일어납니다. 이러한 순환은 열대지방에서 극지방으로 따뜻한 물을 운반함으로써 두 지역의 온도 차이를 줄이는 데 도움이 됩니다.

멕시코 만류(Gulf Stream)라 불리는, 멕시코 만에서 유입되는 따뜻한 물이 북대서양을 건너서 서유럽 해안에 도달해 열을 전달합니다. 이 난류가 아니었다면, 영국과 북유럽의 기후는 훨씬 더 추웠을 겁니다.

← 멕시코 만류

부엌 찬장 찾아보기

마치며

이 책이 맘에 들었기를 바랍니다. 책과 아이들과 함께한 시간이 즐거운 시간이었기를, 새로운 것을 얻었기를 바랍니다. 그리고 이 책을 읽은 후에도 자녀와 함께 프로젝트를 계속하기를 바랍니다. 저의 웹사이트(www.thedadlab.com)에서 더 많은 아이디어와 실험 방법, 장난감과 책에 대한 리뷰 등을 볼 수 있습니다.

TheDadLab이 강조하는 것은 가족이 함께 시간을 보내는 것입니다. 실험을 통해 아이들은 분명히 많은 것을 알게 되지만, 과학적인 사실 몇 개를 아는 것보다 더 중요한 것이 있습니다. 바로 호기심과 창의성입니다. 아이들이 스스로 탐구하고, 질문하고, 해결 방법을 찾고, 어떤 결과가 나오는지 경험하도록 열어두는 것입니다. 그 과정에서 아이들은 진정한 배움을 얻을 수 있습니다. 그리고 함께 한다면 더욱 즐겁겠지요.

그렇게 열어두고 스스로 길을 찾도록 해야 합니다. 여기 실험들은 답을 제시하는 것이 아니라 하나의 예제일 뿐입니다. 아이들에게 필요한 것에 귀 기울이고, 자녀들이 관심 있어 하는 쪽으로 프로젝트를 조절하기 바랍니다. 실험에서 가장 중요한 것은 아이들을 사로잡는 것이 아니라, 그들의 호기심이 이끄는 곳으로 가는 것입니다.

우리의 목표는 창의적이고 호기심이 많은 아이를 키우는 것입니다. 그것은 세상이 원하는 것이기도 합니다. 우리는 함께 해 나갈 수 있습니다.

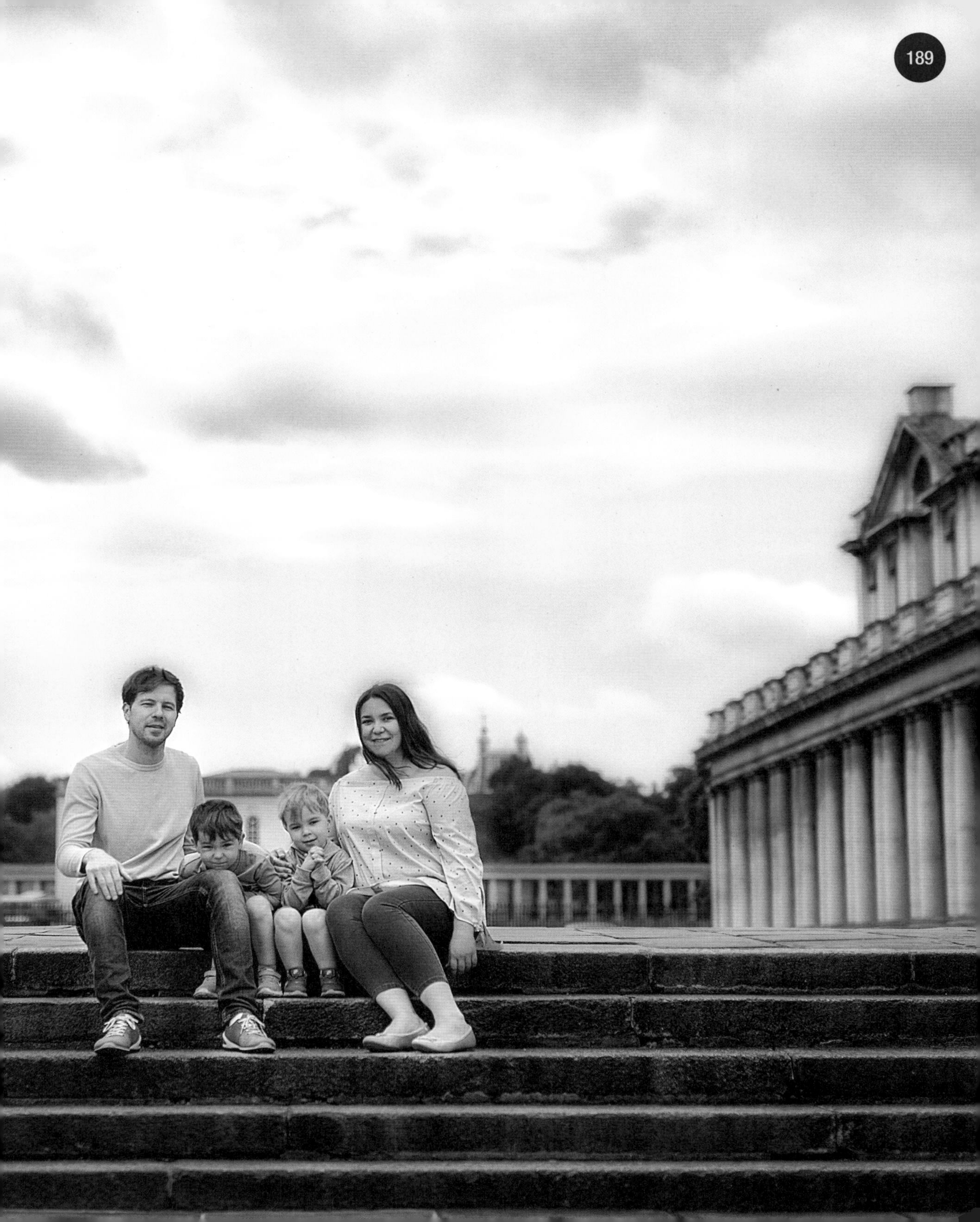

감사의 글

이 책이 세상에 나올 수 있게 도와주신 모든 분에게 지면을 통해 감사의 마음을 전하고자 합니다.

우선 가족들에게 감사드리고 싶습니다. 호기심 많은 제 아이들에게, 알렉스와 맥스는 끊임없이 제게 알지 못하는 질문을 던지고, 날마다 영감을 주었으며, 또한 이 책의 멋진 모델이 되어주었습니다. TheDadLab의 여정을 함께 하며, 제가 하는 모든 일을 지지해 주고, 가장 믿을만한 조언자가 되어준 저의 반쪽 타니아에게도 감사를 표합니다.

저와 같은 평범한 사람도 책을 쓸 수 있다고 격려해 주고, 또 그렇게 할 수 있도록 저를 이끌어준 출판 에이전트 캐슬린 오티즈에게 특별한 감사를 드립니다. 이 책을 통해 이루고 싶어하던 것을 완벽하게 이해하고, 완벽을 향한 집념과 열정으로 함께해준 편집장 조엘 시몬스에게도 거듭 감사드립니다.

프로젝트의 과학적 원리에 깊이를 더해주고, 현명한 조언을 아끼지 않았던 필립 볼에게 감사드립니다. 이 책을 디자인하고 멋지게 만들어준 데이비드 피트에게도 큰 감사를 드립니다. 사진작가 빅토리아 쿨코, 스베틀라나 라이처, 그리고 나탈리아 골루보바에게도 감사드립니다. 가족사진으로 독자들과 소중한 순간들을 공유할 수 있게 해주었습니다. 이 사진들이 없었다면 아마도 다른 책이 되었을 겁니다.

마지막으로 가장 중요한, 이 실험들을 함께하고 있는 독자분들과 열렬한 지지를 보내주는 온라인, 오프라인의 모든 분께 감사드립니다. TheDadLab 활동이 여러분과 아이들을 새롭게 연결하는 계기가 되기를 바랍니다.